金师起点·超级讲师精品书系

激发你的正能量

王瑞鸿◎著

中国财富出版社

图书在版编目（CIP）数据

激发你的正能量：做最优秀的自己 / 王瑞鸿著. —北京：中国财富出版社，2015. 4

（金师起点·超级讲师精品书系）

ISBN 978 - 7 - 5047 - 5594 - 0

Ⅰ. ①激…　Ⅱ. ①王…　Ⅲ. ①成功心理—通俗读物　Ⅳ. ①B848. 4 - 49

中国版本图书馆 CIP 数据核字（2015）第 050582 号

策划编辑 宋　宇　　**责任印制** 何崇杭

责任编辑 宋宪玲　　**责任校对** 饶莉莉

出版发行 中国财富出版社

社　　址 北京市丰台区南四环西路 188 号 5 区 20 楼　　**邮政编码** 100070

电　　话 010 - 52227568（发行部）　010 - 52227588 转 307（总编室）

010 - 68589540（读者服务部）　010 - 52227588 转 305（质检部）

网　　址 http://www. cfpress. com. cn

经　　销 新华书店

印　　刷 北京京都六环印刷厂

书　　号 ISBN 978 - 7 - 5047 - 5594 - 0/B · 0428

开　　本 710mm × 1000mm　1/16　　**版　　次** 2015 年 4 月第 1 版

印　　张 12. 25　　**印　　次** 2015 年 4 月第 1 次印刷

字　　数 153 千字　　**定　　价** 32. 00 元

序言

当下，人们常说“正能量”这三个字，但是，大家对正能量的内涵却不甚了解。所谓正能量，就是一个人的活动能力。英国大众心理学传播第一教授理查德·怀斯曼认为，正能量指的是一切予人向上和希望、促使人不断追求、让生活变得圆满幸福的动力和情感。这种力量可以使我们产生一个全新的自我，让我们变得更加自信、充满活力、有安全感。

每个人的身体中都蕴藏着无穷的正能量，有的人至今贫穷，有的人没有成功，有的人没有收获爱情，有的人悲观失望，究其原因，是他们没有用慧眼去辨识、没有用心去挖掘自身所拥有的正能量，没有将自身的负能量及时转化为正能量，所以没有实现自身的突破。

也就是说，只要我们努力去修炼，接纳正能量，创造正能量，传播正能量，我们自身就会成为一个爆发力强、取之不尽、用之不竭的正能量“源”。正能量让人活力四射，让世界充满朝气。

激发正能量，需要从潜意识、自信力、创新力、控制力、心怀感恩、黄金人脉、积极心态七个维度来进行，做最优秀的自己，让我们变得更加自信、乐观，也更有安全感！一旦你内心沉睡的巨人被唤醒，你就可以大幅提高做事的成功率，释放出无穷潜能！

激发正能量，要运用到实际行动中去，每天进步一点点，才能自我升值“核聚变”，做最优秀的自己。聪明的员工懂得去学习、去进步，愚蠢的员工却在不思进取、自我满足中被淘汰。优秀的员工会在工作中学习怎样去进步，因为他们知道今天的一小步，就是明天的一大步，是成功过程中量的积累，最终会达到自我升值“核聚变”。

一个积极的成功者全身都充满了正能量，每天在工作之中都会要求自己有所改变、有所进步。他们害怕退步，恐惧落后，因此，他们总是自强不息地力求让自己每天的工作都有所进步。

那些能持之以恒、忘我工作的人，往往就是最后获得成功的人。成功就是简单的事情重复去做，成功就是每天进步一点点。一个人如果能坚持每天进步一点点，哪怕是1%的进步，试想，有什么能阻挡得住他最终的成功?

古人云：“逆水行舟，不进则退。”人生如此，职场更是这样。每天都要进步，这是职场的生存之道。无论你从事什么职业，无论你现在如何优秀，永远不要说你做得够好了。只有不满足现状，激发自己更多的正能量，才能不断地进步，不断地追求卓越。在这个追求更好的过程中，你也会不断地进步，从一般的优秀变成更好的卓越。那么，你想要的成功也就和你越走越近了。

优秀的员工都知道在工作中学习，对他们来说，工作永远不会有“足够”这个概念，工作更多的是精益求精，不断地追求更高的目标。不满于现状、不断挑战自我的人，才能在激烈的职场竞争中脱颖而出，成为公司领导所器重的员工。

自我满足能阻滞你的正能量。当一个员工觉得他对所做的一切都已经知足的时候，那么这也是他的事业停滞不前的时候了。自足的开始也是骄傲的开始。自足的人总认为有点成绩了就可以停止努力了。这种自我满足欲强的人到最后反而被公司及老板所弃，这也是我们应该引以为戒的。

职场上优秀的员工总是善于学习，不易满足现在的成绩，因此他们一次次地创造出职场的奇迹。而愚蠢的员工总是容易对自己的小成绩深感满足，而不思进取，停步不前，最后也因此丧失一份好的工作。

这是正能量对我们的要求，把事情做到最好，是对别人负责，更是对自己负责。当你把事情做到最好的时候，你就会发现，你付出的所有辛苦都会得到回报，这也是职场竞争制胜的法宝。

目录

第一章　潜意识：激发你内在的潜能

第二章　自信力：自信是一种强大的力量

第三章　创新力：突破思维常规，创造新的世界

第四章　控制力：塑造你强大的气场

第五章　心怀感恩：提升自己的心灵品级

第六章　黄金人脉：给自己搭起一架登云梯

第七章　积极心态：好心态让你充满能力量

第一章

潜意识：激发你内在的潜能

人们为了逃避痛苦和追求成功，往往会不自觉地使用各种暗示的方法，比如，灾难临头时，人们会相互安慰“一切都会过去的”从而减少承受不幸的痛苦；人们在追求成功时，会设想目标实现时美好、激动人心的情形，这个美好的情形就会对人产生一种暗示，可为人们提供动力，提高挫折耐受能力，保持积极向上的精神状态。

激发你的正能量

第一节　充分挖掘自己的潜能

一个人的潜能是无限的，现实生活中经常有这样的例子：一位父亲为救翻车的儿子，竟然能赤手空拳将整个汽车挪开；一位母亲，为救即将从 5 楼坠落的孩子，竟跑得比运动员还快……

科学研究发现，人类储存在脑内的能量大得惊人。人们平常只发挥了极小部分的大脑功能，如果能够发挥一大半的大脑功能，那么就可以轻易学会 40 种语言，背诵整本百科全书，拿 12 个博士学位。一个人通常都存有极大的潜在力量，潜意识的力量是有意识力量的 30000 倍，而绝大部分正常人只运用了自身潜在能力的 10%。可以说，每个人都有一座“潜能金矿”等待被挖掘。

有这样一个大家耳熟能详的故事：

一位名叫史蒂文的残疾人已经在轮椅上度过了 20 年的漫长时光。他觉得自己的人生已经没有了意义，于是整天借酒消愁。有一天，他从酒馆出来，照常坐轮椅回家，却碰上 3 个要抢他钱包的劫匪。他拼命地呐喊和反抗，却触怒了劫匪，他们竟然放火烧他的轮椅，轮椅很快就燃烧了起来，求生的欲望让史蒂文忘记了自己的双腿不能行走，他立即从轮椅上站起来，一口气跑了一条街。

事后，史蒂文说："如果当时我不逃，就必然被烧伤，甚至被烧死。我忘了一切，一跃而起，拼命逃走。当我终于停下脚步后，才发现自己竟然能够重新走路了。"现在，史蒂文已经找到了一份工作，他身体健康，与正常人一样行走，并到处旅游。

这就是潜能，它让一双20年来无法动弹的腿竟然于危急时刻站了起来，并飞速奔跑。人们不禁要问：到底是什么因素促使史蒂文产生了这种"超能力"呢？显然，这并不仅仅是身体的本能反应，它还涉及人的内在精神在关键时刻所呈现出来的巨大爆发力。

正如著名作家柯林·威尔森所说："在我们的潜意识中，在靠近日常生活意识的表层的地方有一种'过剩能量储藏箱'，那里存放着准备使用的能量，就好像存放在银行里个人账户中的钱一样，在我们需要使用的时候就可以派上用场。在职场中同样如此，你需要接受更大的挑战，充分挖掘自己的潜能，通过自己的努力上升到更高的职业台阶。沿着职业发展这条主线积极准备，通过自己的知识储备、技能储备、人脉储备，使职业金字塔的基底更加厚实，职业发展之路才会更加顺畅。"

有这样一个经典的故事：

安东尼·罗宾本来是一名穷困潦倒的小伙子，17岁那年，他高中还未毕业就从家里"滚"了出来。他摆过地摊，当过餐厅服务员，跑过推销……最后在一家银行担任清洗厕所的工作，那时候他全部的家当就是一辆价值900美元的二手旧车——"金龟车"。他只能睡在"金龟车"里面，当然他也交不起"昂贵"的停车费，所以每天晚上必须跑到便利店的门口睡觉，因为这家商店门口是24小时免费停车。安东尼·罗宾26岁时仍然住在仅有10平方米的单身公寓里，碗盆也只能在浴缸里洗，生活一团糟，人际关系恶劣，前途十分黯淡。

然而自从他发现内心蕴藏着无限的潜能之后，生活便开始大为改观，最终成了一名充满自信的成功者。

如今，他已是一位白手起家、身家过亿的富翁，是世界第一成功导师，是世界名人、国家领导的教练。

他协助职业球队、企业总裁、国家元首激发自身潜能，渡过了各种困境及低潮。曾辅导过多位皇室的家庭成员，被美国前总统布什、克林顿及戴安娜王妃聘为个人顾问；曾为众多世界名人提供咨询，包括南非总统曼德拉、苏联总统戈尔巴乔夫、世界网球冠军安德烈·阿加西等。

1993年安东尼·罗宾获评为“全球五大演说家”；1994年获评杰出人类活动家与“布莱恩·怀特公正奖”；1995年当选为“美国十大杰出青年”……

其实，每个人都有创造奇迹、改变命运的无限潜能，但大多数人只发挥了自身潜能的一小部分。因为很多时候，我们并没有将自己放在置之死地而后生的境地，没有破釜沉舟的勇气，没有那种一定要成功的强烈愿望。

如果一个人把自己逼到绝路，那么，他的人生或许会出现很大的转机。也就是说，只有斩断自己的退路，让自己置身于命运的悬崖绝壁之上，才能勇敢地向自己发出挑战，才能一往无前，才能在竞争激烈的职场中争得属于自己的一片天空，继而实现自身的价值。

第二节 给自己一个积极的心理暗示

心理暗示，是指人接受外界或他人的愿望、观念、情绪、判断、态度影响的心理特点。人人都会受到暗示，它是人的一种本能。

人们为了逃避痛苦和追求成功，往往会不自觉地使用各种暗示的方法，比如：灾难临头时，人们会相互安慰“一切都会过去的”，从而减少承受不幸的痛苦；人们在追求成功时，会设想目标实现时美好、激动人心的情形，这个美好的情形就会对人产生一种暗示，可为人们提供动力，提高挫折耐受能力，保持积极向上的精神状态。当然，以上两种都是积极的心理暗示。积极的心理暗示即良性暗示，能够对人的心理、行为、情绪产生积极的影响，从而有助于身心健康。

而消极的心理暗示则会破坏或干扰人的正常心理和生理状态。比如，某医院因填错了编号使两个胸部透视的病人互相取走了对方的检查报告单，这两个病人，其中一人患有肺结核，一人健康。后来，那个真正患有肺结核的病人却不药而愈了，而另一个根本就是健康的人，因受到错误的报告单的暗示，最终住进了医院。这是令许多人感到吃惊的现象，然而事实就是如此，心理暗示的力量就是如此强大。

生活中，我们每个人都会受到心理暗示的影响，因此无论遇到什么事儿都要给自己一个积极的心理暗示。而在职场中，积极的心理暗示往往是圆满完成工作的保证，可以帮助你和同事愉快地相处，与上级有效地沟通，积极地投入工作，不计较个人的得失。

相反，一个不良的心理暗示则会使你无精打采、心不在焉，工作效率下降，甚至影响到未来的事业发展。从这个角度上看，职场中人尤其要时时提醒自己，每天给自己一个积极的心理暗示，战胜不良的心理暗示。唯有如此，才能让自己在工作中如鱼得水，真正把职场变为展现自己才华的舞台。

现实生活中，心理暗示的例子不胜枚举：

魏书增是一家连锁工厂的老板。在他的众多工厂中，有一个工厂生产情况特别差，魏书增于是去找那个工厂的厂长，了解他们比其他工厂差很多的原因。厂长说："我试了种种方法，或命令，或奖励，甚至巴结奉承，但工人就是提不起工作的兴趣。"

当时正好是夜班和白班交班的时候。魏书增拿了支粉笔，走向车间。他问一位快下班的白班工人："今天你们共做了多少件？""50 件。"那位工人回答说。

魏书增没有说一句话，只是在地板的通道上写了一个很大的"50"后，就出去了。

夜班工人进厂时看见地上的字，就问白班工人那是什么意思。白班工人回答说："刚才老板进来问我们共做了多少件，我回答说 50 件，他就在地板上写了一个'50'。"

第二早晨，魏书增又到车间，发现地板上"50"已经被改为了"60"。

白班工人看见了地板上的"60"，知道夜班的成绩比他们好，不觉产生了竞争的心理。下班时，白班工人也很得意地在地板上写了"70"。此后，工厂的生产率与日俱增。

积极的心理暗示能使人把握机会，发挥潜能战胜对手，从而实现自我价值。魏书增利用数字符号的暗示，激励工人的竞争意识，可谓激励的诀窍。

每个人的内心都渴望得到来自于他人的赞美和肯定，当别人对你说“你真能干，你真棒”时，你会感到自己信心十足，而且往往也会变得更加能干，因为别人对你的肯定将变成你对自己的期望，你的行为也会尽力去回报这一期望。其实，我们何不自己肯定自己，给自己一些积极的心理暗示呢？

第一，用语言暗示自己。每天对自己说“我有潜力”、“我能落实计划”、“我能行”、“我能成功”等。这样，你就真的会发现自己越来越优秀了！

第二，用“汽车预热”方式调整心情。我们都知道，汽车上路前都要进行发动机预热，这样才能保证汽车良好的行驶状态，做事也是一样。当星期一早上你还未从“周末综合征”中彻底解脱出来时，先不必急于工作。可以先与同事们交流一下，或是先翻阅一下上周的工作日志，当你给自己的心情“预热”之后，再以崭新的面貌进入工作状态。

第三，在状态最好时迎接挑战。每个人都有自己的“情绪周期”，有时人们难免会莫名的情绪低落。这时就应该先做些简单的工作，不要给自己增添过重的负担，不要总是对自己说“我的能力实在不行”、“我缺乏变通的技巧”、“大家都不喜欢我”等。要知道，真正能够击倒你的人有时恰恰正是你自己。

因此，不要总是给自己贴上“这也不行，那也不行”的失败“标签”，而应该多给自己积极的心理暗示，相信自己并不比别人做得差，成功一定属于自己。那些令人感到棘手的问题，可以等到自已情绪高涨的时候再处理，因为好心情能激发饱满的工作热情，促使人们增强信心、迎难而上。

第三节　学会正面自我暗示

我们多数人的生活境遇既不是一无所有、一切糟糕，也不是什么都好、事事如意。这种一般的境遇相当于“半杯咖啡”。当你面对这半杯咖啡的时候，心里会产生什么念头？

面对这“半杯咖啡”，人们通常会表现出两种截然不同的情绪：消极的与积极的。

消极的自我暗示是因为少了半杯而不高兴，以至于情绪消沉；而积极的自我暗示是庆幸自己已经获得了半杯咖啡，觉得自己应该好好享用，因而情绪振作，行动积极。

卡耐基指出，潜意识就是已经习惯成自然、不用有意控制的心理活动。根据大自然的构造，人类完全能够控制经由各种感觉器官进入潜意识的各种信息刺激和物质力量。

但是，这并不等于人们能够随时随地地运用自己的控制力，事实上在绝大多数情况下，许多人并不能运用这种控制力。而如果人们都能使用它，相信没有不成功的人。

一位心理学家想知道心态对行为会产生什么样的影响，就做了如下的实验。

首先，他让十个人穿过一间黑暗的房子，在他的引导下，这十个人都成功地穿了过去。然后，心理学家打开房内的一盏灯，在昏黄的灯光下，这些人看清了房子内的一切，都惊出一身冷汗。原来，这间房子的地面是一个大水池，水池里有十几条鳄鱼，水池上方搭着一座窄窄的小木桥，刚才他们就是从小木桥上走过去的。心理学家问：“现在，你们当中还有谁愿意再次穿过这间房子呢?”没有人回答。

过了很久，有三个人站了出来，其中一个人小心翼翼地过去，速度比第一次慢了许多倍；另一个人颤巍巍地踏上小木桥，走到一半时，竟趴在小桥上爬了过去；第三个人刚走几步就一下子趴下了，再也不敢向前移动半步。

心理学家又打开房内的另外九盏灯，灯光把房间照得如同白昼。这时，人们看见小木桥下方装有一张安全网，由于网线颜色极浅，他们刚才根本没有看见。“你们谁愿意现在通过这座小桥呢?”心理学家又问道。这次又有五个人站了出来。“你们为何不愿意呢?”心理学家问剩下的两个人。“这张安全网牢固吗?”这两个人异口同声地反问道。

其实，很多时候，人生的成功就像通过这座小木桥，失败的原因不是因为力量薄弱、智能低下，而是对周围环境的恐惧——我们先认定了自己无法克服困境。

有个叫理查·派迪的赛车运动员，当他第一天赛完车后，抑制不住兴奋地向母亲报告了比赛的结果。

“妈妈，妈妈。”他冲进家门叫道，“有35辆赛车参加了比赛，我得了第二名。”

“你输了！理查。”他母亲回答道。

“妈妈，”理查抗议道，“有这么多的车参加比赛，我第一次跑就得了第二，这样的成绩难道不算很好吗？”

“理查！”母亲严厉道，“你用不着跑在任何人后面！”

接下来的20年中，理查·派迪称霸赛车界。他成为赛车运动史上赢得金牌最多的赛车手，他创造的多项纪录至今还无人打破。

如果你渴望更大的成功，那么就应该相信自己。相信自己就是独一无二的，没有什么高不可攀，没有什么不可超越。无数事实都说明，你确立的目标越高，你最后的收获就越大。

我们应该时时拿理查母亲的话来暗示自己：用不着跑在任何人的后面！相信自己，给自己一个惊喜，我一定能做到！

非洲的一个部落酋长有三个女儿，前两个女儿既聪明又漂亮，都是被人用九头牛作聘礼娶走的。在当地，这是最高规格的聘礼了。第三个女儿到了出嫁的时候，却一直没有人肯出九头牛来娶，原因是她非但不漂亮，还很懒惰。

后来一个远方来的游客听说了这件事，就对酋长说：“我愿意用九头牛来换你的女儿。”酋长非常高兴，真的把女儿嫁给了外乡人。

过了几年，酋长去看自己远嫁他乡的三女儿。没想到，女儿变成了一个气质超俗的漂亮女人，而且能亲自下厨做美味佳肴来款待他。酋长很震惊，偷偷地问女婿：“难道你是巫师吗？你是怎么把她调教成这样的？”

女婿说：“我没有调教她，我只是始终坚信你的女儿值九头牛，所以她就一直按照九头牛的标准来做了，就这么简单。”

正面的刺激可以很好地激发一个人的正面情绪。事实上，人是十分情绪化的动物，人的一生主要受情绪的影响，善于控制自己的情绪，不要让消极的暗示力量占主导地位，这关系到一个人的人生走向。当遭遇困难和打击时，我们应该对自己说：我很坚强，我不会倒下。这样的心理暗示力量必将为你增添战胜困难的勇气和信心。

在华沙，一群儿童在嬉戏。一个吉卜赛女巫托起一位小姑娘的手，仔细看了看说："你将会世界闻名！""预言"应验了，这位小姑娘就是后来的居里夫人。

一位工人下班后被锁在"冷库"里，第二天被人们发现时已"冻"死了，而令人惊奇的是，那天根本就没通电，冷库里只是常温！

其实，世上没有什么准确的预言，是女巫给了居里夫人一种"成功"的信念；那位工人则是自己害死了自己，望着被关死的铁门，心想："这里零下几十摄氏度，我肯定要被冻死了！"这就是"心理暗示"的作用，它能引导人走向成功，也能致人死亡。

心理学家告诉我们：成功与否，全看你"心之所向"。给大脑正面的刺激，即"良性的心理暗示"，大脑就会活络起来，产生连自己也意想不到的力量。成功的企业家大多都是不时地给自己良好的心理暗示——我的运气绝对是好的，我一定会取得成功。这种正面自我暗示是所有成功者都使用过的一种自我调节方式。在某种程度上可以说，正是这种正面的自我暗示导致了他们最终的成功。

悲观的人在每一个机会中都看到某种忧患；乐观的人在每一次忧患中都能看到一个机会。这就是成功者和失败者之间的心理差异。

第四节 每天暗示自己“我能行”

生活中，你有没有过这样的感觉：早上出门的时候，有人对你说了一句“你今天真漂亮”，你会高兴得不得了，然后一天都会感觉美若天仙；相反，如果有人说“你好憔悴呀”，你会因为这句话一整天都灰头土脸，打不起精神。

是什么在起作用呢？心理学家把它叫作“暗示”，它是一种直接作用于心灵的催化剂，它可以直接改变一个人的心态和状态，虽然它是一种无形的东西，但力量却非常大，下面这个小故事足以说明这个问题。

有一个小女孩一向很自卑，不喜欢跟人交流，甚至都不敢跟别人对视。虽然自卑，但每个女孩都喜欢漂亮，都希望自己变成一个美丽的小公主。有一天，她戴上了一朵向往已久的头花，照着镜子高兴得不得了。

出了门，凡是见到她的人，都夸她今天变得格外美丽和自信。她高兴极了，一直觉得是头花的功劳，但事实是怎么样的呢？其实头花在她刚出门的时候就已经掉了，她的改变与头花一点关系也没有。

看到了吧，暗示的作用是多么强大，它可以让一个人完全改变。其实这在心理学上有一个专有名词，叫作“皮格马利翁效应”。它指的是热切的期望和赞美能够产生奇迹。关于这个效应，还有一个美丽的传说。

相传，希腊神话中的塞浦路斯国王的儿子皮格马利翁非常喜欢雕刻，他每天不停地雕刻，练就了一身神奇的雕刻技艺。有一天，他成功地雕刻了一座美丽的象牙少女像，在夜以继日的工作中，皮格马利翁把全部的精力、全部的热情、全部的爱恋都赋予了这座雕像。

他对雕像神魂颠倒、痴迷不已，像对待自己的妻子那样抚爱她、装扮她，还给她起名叫加拉泰亚。他甚至乞求神让雕像复活，变成自己的妻子。爱神阿芙洛狄忒终于被他的精神所打动，赐予了雕像生命，并让他们结为夫妻。

这种神奇的期待效应就被人们称为“皮格马利翁效应”。这个效应是想告诉我们，当对一个人传递积极的期望时，就会使他进步得更快，发展得更好，甚至产生奇迹。反之，向一个人传递消极的期望则会使他自暴自弃，迎接他的只能是失败。

也就是说，我们越是对某件事情怀有期望，实现的可能性就越大。相反，如果你自己对某件事都不抱有希望，那么实现的可能性就很小，甚至为零。有人把皮格马利翁效应总结为：“上联：说你行，你就行，不行也行。下联：说不行，就不行，行也不行。横批：不‘扶’不行。”

所以在职场中，要想自己变得更强大，就得自己给自己创造皮格马利翁效应，给自己打气，给自己鼓劲，每天对自己说一句“我能行”，这种对自己的期望和暗示可以转换成一种强大的内在动力，从而使自己变得无敌。相反，如果你对自己没信心，自己给自己泄气，那么只能惨遭失败。

莲莉今年 22 岁，刚大学毕业，学的是英语专业。毕业之前，人人都觉得她可以找到一份非常好的工作，因为她的专业学得很好，人也长得漂亮，找一份好工作对于她来说就是小菜一碟。

可是莲莉却不这么认为，她觉得自己不够自信，也不爱跟别人说话和打交道，更重要的还在于自己没什么工作经验，能找到工作是件非常难的事，她常常忐忑不安地想："人家现在都要有经验的，而且还要全才，我感觉自己什么都没有，恐怕自己不行吧……"

结果确实像莲莉想的那样，一连面试了好几家公司，她都是无功而返。这还真的是应了那句话："你想什么还真就来什么。"这就是暗示的无限力量。

行与不行，其实只是一个相对概念，就像一条草鱼，加进酱油就是红烧，隔水升温就是清蒸。鱼本身没变，变的是料理。同样，我们的能力本身也没问题，出问题的是我们的"心灵的料理"。自己都否定了自己，别人还有什么理由对我们抱着信心呢？

心理学家巴甫洛夫说："暗示是人类最简单、最典型的条件反射。"当你在潜意识中有一种主观的意愿假设后，不管它有没有根据，一旦重复到一定的次数，就会形成主观肯定，然后事情便趋向于这样发展。

我们常常听到成功人士这么解读他们成功的动力："小时候爷爷就说我聪明，将来一定能读大学，后来我就真的读了大学。""有一次上课，老师夸我作文写得好，将来一定能成为作家，后来我就这样成了作家。"……

积极的暗示，会对人产生积极的作用，可以发掘出一个人内在的潜力，激发一个人内在源源不断的动力。所以在职场中，每天暗示自己“我能行”，你就一定能行！不信，你就试试看吧！

正如心理学中皮格马利翁效应告诉我们的，当对一个人传递积极的期望时，就会使他进步得更快，发展得更好，甚至产生奇迹。反之，向一个人传递消极的期望，则会使他自暴自弃，迎接他的只能是失败。

要想自己变成职场强人，我们就得给自己创造皮格马利翁效应，给自己打气，每天对自己说一句“我能行”。这种对自己的期望和暗示可以转化成一种强大的内在动力，从而使自己变得更强大。

第五节 暗示的力量

暗示的力量常常应用在演讲当中，当你突破心理障碍，敢于站在台上当众讲话后，你就开始希望自己的演讲完美而有吸引力。但那并不是一件容易的事情。尤其是对那些非专业的演讲者来说，因为缺乏系统的学习和培训，要想做一场完美的演讲并不容易。

有没有一种方法可以让我们不用专门去学习演讲技巧就把演讲讲好？有，这就是心理模拟训练。

运动员们就会较早地意识到“心理预演”与“视角化想象”的重要性。经常看体育栏目的人会有这种印象：正式比赛前，运动员都会做一些模拟动作，比如跳远运动员会模拟起跑、起跳以及落地的情景，而篮球运动运动员则可能会站在罚球线上进行无球状态的投篮模拟。

所有的这些动作，其实都是一种心理模拟，也就是心理预演。

伟大的高尔夫运动员杰克·尼古拉斯在谈到如何在每一次挥杆之前应用心理预演时，这样解释说："首先，我会'看到'自己需要击打的高尔夫球，那个漂亮的白色精灵静静地躺在翠绿的草地上。接着，场景快速转换，我'看到'了小球在空中飞行的样子：它的路线、轨迹、外形，甚至它落地时的姿态。接下来，头脑中的场景逐渐消失，现实重回眼前。我坚信，接下来的一击一定能够让头脑中的那幅场景变成现实。"

在心理上模拟将要执行的任务，以及对成功的可能结果的想象极大地提高了运动员的成绩。同样，如果我们将这种心理模拟应用到演讲中来，也可以大大提升我们的演讲效果。

在内心预演自己将如何演讲、如何调动听众的情绪、如何处理突发问题，对一次演讲的成功至关重要。匹兹堡大学和卡耐基·梅隆大学的研究人员发现，如果我们在执行任务的时候，事先在内心对理想结果进行过预演的话，那么，我们的额叶大脑皮层将被全面调动起来，极大地激发我们去积极行动。心理预演越充分，任务执行情况就会越好。

事实上，对大脑的医学研究也表明，心理预演，即对某种行为的生动而具体的想象，将有助于调动那些操作实际行为的大脑细胞。研究人员同时还发现，人们在力图以好习惯取代坏习惯时，心理预演尤其重要。因为，当人们准备克服某种习惯性的反应时，额叶大脑皮层将变得非常活跃，它将全身心地关注即将发生的事情和所有的反应。

在额叶大脑皮层休眠的状态下，人们就很容易去做那些根深蒂固的行为。反之，当我们进行了一定的心理演练，使额叶大脑皮层相应被激活后，再面对类似场合，我们将更倾向于去实践我们的预演，以及预演中的那些期望中的反应。

许多有经验的演讲家在演讲之前都会进行心理预演。他们通过这种方式来模拟真实演讲时可能会出现的各种问题，以及自己应该有的应对办法。当然，他们做得更多的是通过这种心理预演来模拟自己如何演讲才能达到最好的效果。

第六节　在想象的空间里，你永远不会失败

航天员是心理预演的专家，他们会在心里产生模拟经验。他们在海上漂浮不定的橡皮艇上练习，来感受外层空间那种无重力的感觉。他们用一个仿真的月亮遨游模块在沙漠里做练习，就好像降落在月球表面一般。一个小时接着一个小时，夜以继日地训练后，他们形象化的记忆，并且模仿美国太空总署科学家想象出来的每个步骤，可以让他们顺利地到达月球，再返回地球。

当阿姆斯特丹第一步踏上月球时，他的反应传回到休斯敦的控制中心，他说："真漂亮，就像我们练习的一样。"在后来的月球探险中，阿波罗船长 Conrad 也说："和训练时的情景是如此相似，我感觉我好像来到这里好几次了。毕竟我们过去四年来为了这一刻已经练习无数次。"

法国滑雪选手真维·克雷在他的想象中已在障碍滑雪赛中获胜。他用心理预演练习滑雪并且获得自信。他想象自己双脚站稳维持平衡，正确的膝盖姿势，滑下滑雪线，小心障碍物，感觉纯净、洁白的雪、风、速度和独立自主的快感。对初学者

来说，这是克服恐惧、追求提升的绝佳方式。毕竟在想象的空间里，你永远不会失败！

科学家曾经做过一个实验，他把水平差不多的篮球运动员分成了3个小组，他让第一个小组的人停止练习，自由投篮一个月；而第二个小组，在这一个月里，每天都要去体育馆训练一个小时；第三个小组，一个月中每天都要在自己的想象中练习投篮一个小时。一个月以后，三组队员进行了投篮考试。结果：第一个小组投篮水平下降2%，第二组的投篮水平上升2%，第三组的投篮水平竟然上升了4%。

这个结果让人觉得惊讶，为什么想象中的练习比真实中的练习还更有效？谁都会想不明白，其实道理很简单，因为在想象中每个人投篮都是能投进的。而且在想象中的投篮动作都会很到位，长期下来，这就能形成一种心理暗示，到最后，就会形成一个具有吸引力的积极气场，你就会朝那个方向前进，想做得不好都不可能。

是不是很荒谬？你如何能够运用想象空间而不是真正在运动场上练习，来增加自由投球的平均分数？其实只是因为在你的想象空间中，你永远不会投不进球！想象的篮球网和心理预演的练习方式可以让你趋近完美。

在某种程度上，心理预演就是一种自我心理暗示。

第二次世界大战时，苏联有一位天才的演说家毕甫佐夫，他天生就有口吃，但让人觉得奇怪的是，只要他一站到台上，他就会口若悬河。这到底是怎么回事呢？原来他每次上台前都会反复地告诉自己，在舞台上的不是他，而是某个演讲天才，而这个演讲天才说话不可能会结巴，经过一次又一次的心理暗示，加上平时的不懈努力，最后他成功了。

如果一个人经常被人骂“笨蛋、白痴”，慢慢地他也会觉得自己很笨，很没用，成功和他一点关系都没有。

美国知名的篮球教练员伍登曾在 12 年内获得了 10 次全国总冠军，被誉为美国有史以来最优秀的运动员之一。他成功的哲学就是：不断对自己进行正面而积极的心理暗示。每天晚上睡觉前，伍登一定会告诉自己：“我今天的表现好极了，明天还要继续努力，比今天做得更好。”

正是由于这种心理暗示，第二天他一定会比第一天更积极地投入到工作中。这会让枯燥的工作变得更加有趣，带着愉快的心情去工作，效率当然会更高。

第七节　你能成为你想成为的人

一个青年人即将走入社会，他为此惴惴不安。临行前，青年人来看望爷爷，希望爷爷能给他一些忠告。

爷爷说：“我的菜地很久没有施肥了，今天你来得正好，帮我抬一桶大粪到菜地吧。”爷爷找出那只粪桶，装满了粪便，然后叫青年人抬。

换了别人，或别的时候，青年人是不会和爷爷一起抬粪桶的，太臭了，青年人简直受不了这股气味，但这次他忍住了。施好肥，爷爷将粪桶洗干净了，但那股气味依旧存在，还是那么臭。难怪爷爷把它存放在茅坑边上。

干完活，青年人要走，但爷爷执意留他，说还有活要他干呢。爷爷找出一只水桶，对青年人说："你再帮我抬几桶水吧。"因为是爷爷叫他干活，青年人就不好意思说走了。

从家到河边有一二里路，抬一桶水还真不容易。青年人将水倒进灶头的水缸时，却发现缸里水是满满的。爷爷并不是缺水，而是想留他吃完饭再走。于是，青年人就留了下来。

吃饭时，爷爷叫青年人把酒桶拿来。青年人就从灶头抱来了酒桶，揭了桶盖，掀开满桶的棉絮，从中取出那把酒壶，给爷爷斟了一碗，自己也斟了一碗。黄酒温温的，入口很香。在饭桌上，爷爷也没有对青年人说什么。

饭后，送青年人到路口时，爷爷说："这三只桶，我是用同一棵树上的木头做成的，新的时候一模一样，后来，装酒的就成了酒桶，装水的就成了水桶，装粪的就成了粪桶。做人也一样，你希望自己变成什么样的人，依照那样的标准来要求自己，习惯成自然，你就会变成什么样的人。"

优秀是一种习惯，不优秀也是一种习惯，就看你怎么样定位自己。希望自己成为一名作家，那么，平时就应该多看看书，有意识地培养自己的鉴赏能力和阅读能力。久而久之，养成一种阅读的习惯，在对某些事情有了自己的想法时，提起笔来直抒胸臆，自然是水到渠成的事。

但是，如果一个人一直认为自己不如人，也不会有大的发展，成不了商人、富人或是有才的人，那么终日游手好闲、不学无术，最终也只能成为社会的闲散人员。

电视连续剧《士兵突击》很受观众的欢迎，原因除了剧中的人物性格鲜明外，还与主人翁许三多的成长经历有关。

在许三多未参军之前，认识的人都说他平庸，即使他老爸也骂他是没出息的“龟儿子”。于是，慢慢地许三多也以为自己很平庸，于是，他真的成了“龟儿子”。

负责部队招兵的班长看到了他，想起了以前的自己，于是把他带到了部队。刚进入部队，许三多还是觉得自己很差，所以随着新兵连的结束，他被分到了好兵的坟墓、孬兵的天堂——三连五班。

在新兵连的时候，他记住了班长跟他说过的话：活着就要做有意义的事情。

修路很有意义，虽然大家都认为他不可能将路修好，但他想做有意义的事情，于是他修好了路。因为这个原因，他又被团长召回，分到了班长那个班。

虽然这个时候他还是显得很平庸，成了班上的累赘，拖着班上的成绩。但是他知道，如果他不能做好，他的班长，唯一相信他的班长就必须离开部队。他不想他的班长离开，于是他成了全连最好的兵。

终于，他的班长离开了部队，七连也解散，他没有了依靠。这时老 A 的部队将他招去。

他想留在老 A，因为为了进入老 A，很多人付出了巨大的代价。为了这些人，他必须留在老 A，要留在老 A 就必须成为最优秀的兵，于是他成为了最优秀的兵，完成了训练，留在了老 A。

最终，许三多成为了一名优秀的军人。

事实就是如此，除了你自己，没有人能够小瞧你。别人对你的评价并不重要，重要的是你自己如何评价自己。如果你想成为将军，那么你总有一天会成为将军；如果你想成为企业家，那么你也能成为企业家……我们的潜力都是无穷的，只不过有的人知道自己想成为什么，所以他能够有目标地去奋斗；而有的人不知道自己要成为什么，所以他最终没成为什么。

其中的关键就是人的主观能动性。你希望自己成为什么样的人，就能成为什么样的人。

第二章
自信力：自信是一种强大的力量

无论我们现在处于什么状况，一定要相信自己是最棒的，这样你才会有自信。而只有拥有自信，你才会成功。不要把自己当作鼠，否则肯定会被猫吃掉！生命对所有人都是平等的，只是看你对它的态度，如果你充满自信，那么快乐将会伴随你一生。

激发你的正能量

第一节　自信是成功的第一秘诀

日本著名指挥家小泽征尔有一次到欧洲参加指挥家大赛，在进行前三名决赛时，他被安排在最后一个参赛。评委交给他一张乐谱，正演奏中，小泽征尔突然发现乐曲中出现不和谐的地方。

开始他以为是演奏家们演奏错了，就指挥乐队停下来重奏一次，这次他仍觉得不自然。这时，在场的权威人士都郑重声明乐谱没问题，而是他的错觉。面对几百名国际音乐权威，他不免对自己的判断产生动摇。但是他考虑再三，坚信自己的判断是正确的，于是大吼一声："不！一定是乐谱错了！"他的喊声一落，评委们立即向他报以热烈的掌声，祝贺他大赛夺魁！原来这是评委们精心设计的"圈套"，以试探指挥家们在发现错误，而权威人士又不承认的情况下，是否能坚持自己正确的判断。

无论我们现在处于什么状况一定要相信自己是最棒的，这样你才会有自信。而只有拥有自信，你才会成功。不要把自己当作鼠，否则肯定会被猫吃掉！生命对所有人都是平等的，只是看你对它的态度，如果你充满自信，那么快乐将会伴随你一生。但是，如果你充满悲观，那么你伤心的事一定比快乐的事多。

有一位女歌手，他在第一次登台演出时内心十分紧张。想到自己马上就要上场，面对上千名观众，她的手心都在冒汗：“要是在舞台上一紧张，忘了歌词怎么办？”越这样想，她心跳得越快，甚至产生了打退堂鼓的念头。

就在这时，一位前辈笑着走过来，随手将一个纸卷塞到她的手里，轻声说道：“这里面写着你要唱的歌词，如果你在台上忘了词，就打开来看。”

她握着这张纸条，像握着一根救命的稻草，匆匆上了台。也许有那个纸卷握在手心，她的心里踏实了许多。她在台上发挥得相当好，完全没有失常。

她高兴地走下舞台，向那位前辈致谢。前辈却笑着说：“是你自己战胜了自己，找回了自信。其实，我给你的，是一张白纸，上面根本没有写什么歌词！”

她展开手心里的纸卷，果然上面什么也没写。她感到惊讶，自己凭着握住一张白纸，竟顺利地渡过了难关，获得了演出的成功！

“你握住的这张白纸，并不是一张白纸，而是你的自信啊！”前辈说。

歌手拜谢了前辈。在以后的人生路上，她就是凭着握住的这份自信，在自己的演唱生涯取得了很好的成绩。

拥有了自信，一双脚就能踏尽大漠沙海，一双手就能雕绘出莫高窟的金碧辉煌；拥有了自信，脚下就能飘起“丝绸之路”，身后就会有“丝路花语”；拥有了自信，葛洲坝就能“截断巫山云雨”，

“神州号”亦能遨游于神秘天宇。

美国的爱默森曾经说过：“自信是成功的第一秘诀。”它是激励自己奋发进取的一种心理素质，是以高昂的斗志、充沛的干劲迎接生活挑战的一种乐观情绪。更是战胜自己、告别自卑、摆脱烦恼的一种灵丹妙药。

李白发出了“仰天大笑出门去，我辈岂是蓬蒿人”的浩叹，自信“天生我材必有用，千斤散尽还复来”，最终他成为了一代诗仙。

毛泽东写下了“自信人生二百年，会当击水三千里”、“数风流人物，还看今朝”的豪言壮语，最终他克服重重困难，成为了一代伟人。而所有的成功，都来源于他的自信。

一次，我去拜访一位公司主管。在他的办公室看到两幅漫画：一幅中的人物满脸都是笑，眉毛、眼睛、鼻子、嘴都向上，弯弯的像月牙，从上面往下掉的金元宝都接住了，一个也没掉在地上。另一幅中的人物则满脸都是气，眉毛、眼睛、鼻子、嘴都朝下，一撇一捺，像斗笠，从上面往下掉的金元宝都落在了地上，一个也没接住。我看了，忍不住笑了。

“你不是总问我成功的秘诀吗？如果有的话，这就是。”主管微笑着说。

我看着这两幅画，有些疑惑：“就这个？”

“对，就这个。我每天早晨走进办公室，每当我遇到难题的时候，我都会看着它，它会对我说：任何时候都要选择快乐，拥有自信！”

“可有些事情是痛苦的，你怎么选择快乐，怎样从中获得自信？”

主管又给我讲了一个故事：有个年轻人，家在郊区农村，每天到城里来上学。可是他高中毕业后没有考上大学，别人都以为他会垂头丧气，没想到他却高高兴兴地回家，搞起了科学养鸡，不到两年就致富了。

他用自己赚的钱，给家里盖了三间大瓦房。按照当地习惯，盖房上顶梁时要放鞭炮请客。上梁那天，街坊邻居都来了，杀猪宰羊放鞭炮，十分热闹。就在大家兴高采烈地喝酒吃饭的时候，只听“轰”的一声，梁塌了！砸得满地尘土。

大家都愣住了，不知说什么好。这时，就听有人哇的一声哭了起来，这位年轻人一看，是他姐姐。他就说：“哭什么？你哭它就立起来了？”说着，他端起酒杯，对众人说：“来，大叔大婶们，咱们接着喝！梁倒了，再上一次！正好咱们街坊邻居又多了一次喝酒的机会！后天中午还请大家再来！”

这件事后来不知怎么传到一位公司经理那儿，他们公司新开发了一个项目，正在招人，可是销售经理一直没有找到合适的人选。他听说后，就找到那位年轻人，说服他加盟自己的公司。

当时公司的其他负责人都不同意，认为那位年轻人没有学历，没有经验，不能胜任这项工作。

可是这位经理听了却说：“那没关系。因为我们不是用他20天，而是准备用他20年。所以你们说的这些，他会有时间学会的。可是，他这种乐观自信的性格，却不是别人可以花时间学会的。我看中的正是这一点。”这位经理力排众议，起用了那位年轻人。

“那么后来呢？那位年轻人怎么样了？”我不断地追问。

“后来，那位年轻人果然不负所望，用了不到一年的时间，就开发占领了整个东北市场，三年后，产品遍及全国并出口到国外。后来，他成了这家公司的主管，现在，他就坐在你面前。那个年轻人就是我。”

我惊诧地看着他，又转身看看墙上的那两幅画，领悟到了他的意思：有快乐，才会自信，才能飞得更高。

在这个世界上，有人生活在贫困里，自卑而羞涩；有人却靠自己的双手创造财富，为自己搭起一座城堡。有人在失败的阴影中徘徊，有人却擦干泪水重新起程，坚信明天会是更美好的一天。有人在别人的质疑声中摇摆不定，有人却自信依旧地走自己的路。如果我们把人简单分成两类的话，我们相信，最好的标准就是“自信”和“不自信”。

一般来说，缺乏自信心就很难客观地肯定自己。尤其是遇到挫折后，最容易发现自己的缺陷，如知识贫乏、能力不强、笨嘴拙舌。这种时候，缺乏自信心的人会自然而然地把这些缺陷当成包袱背起来，老是压在心头，最终连自己的优点和长处也看不到了。而且，做事缺乏自信的人往往不能够对发生的事情做出正确的判断，以至于影响事情的结局。

美国前总统尼克松就是因为缺乏自信，毁掉了自己的政治前程。1972 年，尼克松竞选连任，在竞选形势大好的情况下，不自信的尼克松竟鬼使神差地指派手下的人对竞争对手进行窃听。事发之后，又连连阻止调查，推卸责任。结果，虽然竞选获胜，但不久便因此事件而被迫辞职。

但凡成功的人，无不拥有自信，灰心丧气的人永远都不会成功！想干一番事业的人，最重要的是要自信。连自己都不相信自己，如何干事业？大千世界，百家百行，要想在竞争激烈的行业中站稳脚跟，除了靠智慧外，最重要的就是自信！

第二节　自我鼓励是自信的源泉

台湾狂人李敖说过：“大丈夫不能靠别人的掌声而活，大丈夫要自己给自己鼓掌。”自我鼓励的人生哲理即在于此。

自我鼓励，就是自己鼓励自己战胜困难，向更高更远的目标前进。自我鼓励的精神表现了一个人战胜困难的自觉性和主动性，是一种积极、奋发、向上的心理状态。纵观古今中外，一切在生活和事业上摘得丰硕果实的人士都是善于自我鼓励的人。

青年楷模张海迪5岁时因病而瘫痪，可是，她并没有在轮椅上虚度时光，也没有沮丧和沉沦，而是不断地进行自我鼓励，以顽强的毅力和恒心与病魔做斗争，经受住了严峻的考验。她虽然没有机会走进校门，却发奋学习，学完了小学、中学全部课程，自学了大学英语、日语、德语等多种语言，并攻读了大学和硕士研究生的课程。为了对社会做出更大的贡献，她还先后自学了十几种医学专著，同时向有经验的医生虚心请教，学会了针灸等医术，为群众无偿治疗达1万多次。

无独有偶。法国著名作家巴尔扎克年轻时做事浮躁，经营出版印刷业破了产，欠下了巨额债务，几乎陷入了绝境。但是，他没有颓丧沉沦，而是认真总结教训，充分运用自我鼓励的手段重新振作，发挥自己在文学创作方面的潜能，终于成为一代文豪。

现实生活中，每个人都渴望得到他人的赞美和欣赏，有句谚语说：如果你给猪戴高帽，猪也会爬树。这句话听起来有些不雅，但说明了这样一个道理：当一个人的才能得到他人的认可、赞扬和鼓励的时候，他就会产生一种新的向上的力量。但是，一个人在自己事业的开始阶段是很少能得到别人的赞赏的，相反，碰到更多的可能是责难、讥讽和嘲笑。

难怪有人说成长的最大悲哀就是当你长大以后，在你取得辉煌成就时，鲜花和掌声会纷至沓来，然而当你遭遇挫折、陷入失败时，却很少有人会安慰你、鼓励你重新站起来。或者我们也可以说，别人的鼓励是极其有限的，只有自己给自己的鼓励才是取之不尽的成功动力。日本的邮政大臣野田圣子从一位普通的清洁女工一跃成为日本的主要官员，靠的就是这种自我鼓励的方法。

野田圣子当年从事的第一份工作是在宾馆洗厕所，可想而知当时正值青春妙龄的她是如何应对这份看起来“低贱”做起来“肮脏”的工作的。她也有过痛苦、失落，也有过放弃的念头，但经过一番认真的思考后，她想通了这样一个道理：就算一辈子都洗厕所，也要做一名洗厕所最出色的人！她不断地激励自己、鞭策自己，并给自己制定了严格的工作要求：让马桶光洁如新。其检验方法是：让马桶中的水达到可以喝的程度。令人难以置信的是，为了证实自己的工作质量，为了强化自己的事业心，她多次喝过马桶里的水。

自我鼓励是树立自信心的最佳方式。带着这种良好的心态和必胜的信念，就能坦然面对生活中的种种艰难坷坎、曲折磨难、痛苦彷徨、失意迷茫。因为善于自我鼓励的人已然是生活的强者，他们敢于接受任何挑战，执着无悔地追求自己的理想，最终一定能够如愿以偿。

自我鼓励要有效，需做到以下几点：

第一，用积极的心态安慰自己。我们知道，当动物受伤时，会用舌头舔舐自己的伤口，给自己时间康复及重振雄风。当你遭遇挫折时也需要自己为自己疗伤，只是你不应自怨自艾、自卑自怜，而是应该持积极的心态鼓励自己你一定会好起来的。当然了，伤口的愈合亦需要时间，所以不能操之过急。

第二，确立一个既宏伟又具体的目标。许多人惊奇地发现，他们之所以达不到自己孜孜以求的目标，是因为他们的奋斗目标太小，而且模糊不清，以至于使自己失去了动力。因此，真正能激励你奋发向上的，是确立一个既宏伟又具体的目标。

第三，离开舒适区。不要总是躺在自己的心灵舒适区。舒适区只是“避风港”，不是“安乐窝”，你不能一直沉溺其中，否则就会不思进取、自我毁灭。

总之，在你追求成功的道路上，自我鼓励能为你提供充足的原动力，使你可以冲破重重障碍，成为一个自强不息的人。只要我们学会自我鼓励，学会自己给自己打气，就一定会赢得一个精彩的人生。

第三节　有自信才能成功

成功永远属于自信者，自卑者注定与成功无缘。当你真正建立了自信，才能一步步取得事业上的成功。

自信是对自我能力和自我价值的一种肯定。在影响人生成功的诸多要素中，自信是居于首位的。有自信，才会有成功。

古人云："人不自信，谁人信之。"建立自信，应该从相信自己、赏识自己做起。相信自己，就是对自己的认可和支持。"我能行"、"我也会成功"等积极的自我暗示能够激起强烈的成功欲望，在战胜困难、实现目标的过程中，表现出果敢的勇气和必胜的信念。

阿基米德曾经说过："给我一个支点，我就能够撬动地球。"这是多么豪迈而自信的语言。自信能够唤醒沉睡的潜能。无数成功者的经验启示我们：事业成功固然有种种因素，但自信是必不可缺的条件，失去了自信将导致事业失败。

我们应该明白，战胜自卑和怯懦是取得事业成功的内在力量。在逆境中，不但要手提智慧的宝剑，身披忍辱负重的壳甲，还要励精图治，借助自信的巨大力量推动自己前行。

当初门捷列夫发现元素周期律后，有很多人反对他的观点，甚至连他的导师也嘲笑他不务正业。但门捷列夫没有因此而放弃他的科学观点，他根据周期律科学地预言了一些当时还没有发现的元素和它们的性质。正因为他的预言和后来的实验结论完全一样，周期律才被科学界所承认并引起了广泛的重视。

居里夫人为了证实镭的存在，曾终日穿着沾满灰尘和污渍的工作服，在极其简陋的棚屋里，用和她差不多一般高的铁条搅动冶锅，从堆积如山的沥青矿的废渣中寻觅镭的踪迹。条件极其艰苦，但她心里却充满自信。她对友人说我们应该有恒心，尤其要有自信心！我们必须相信我们的天赋是用来做某种事情的，无论代价多大，这种事情必须做到。她最终获得了成功。

假如你有自信，你就会获得比你的梦想多得多的成功。

美国著名作家查尔斯在55岁时还没有写过小说，也没有过写作的打算。在向一个国际财团申请电缆电视网执照时，他才有了这样的想法。当时，一个在管理部门的朋友打电话来，说他的申请可能被拒绝，查尔斯突然面临着这样一个问题：我今后怎么办？查阅了一些卷宗后，查尔斯用潦草的字体写下了十几句话，那是一部电影的基本情节。他在办公室里静静地坐了一会儿，思索着是否该把这项工作继续下去，最后他拿起话筒，给他的朋友小说家阿瑟·黑利挂了个电话。

“我有一个自认为不寻常的想法，我准备把它写成电影。我怎样才能把它交到某个经纪人或制片商或是任何能使它拍成电影的人手里？”查尔斯说。

“查尔斯，这条路成功的机会几乎等于零。即使你找到某人采用你的想法并把它变为现实，我猜想你的这个故事梗概所得的报酬也不会很大。你确信那真是个不同寻常的想法吗？”

“是的。”

“那么，如果你确信，哦，提醒你，你一定要确信，为它押上一年时间的赌注。把它写成小说，如果你能做到这一点，你会从小说中得到收入，如果很成功，你就能把它卖给制片商，得到更多的钱，这是故事梗概远远不能做到的。”

查尔斯放下话筒，开始问自己：我有写小说的天赋和耐心吗？他沉思后，对自己越来越有信心。他开始自己进行调查、安排情节、描写人物……为它赌上了一年还要多的时间。

一年零三个月后，小说完成了，在加拿大的麦克莱兰和斯图尔特公司，在美国的西蒙公司、舒斯特和艾玛袖珍图书公司，在大不列颠、意大利、荷兰、日本和阿根廷，这部小说均得到出版。结果，它被拍成电影——《绑架总统》，由威廉·沙特纳、哈尔·霍尔布鲁克、阿瓦·加德纳和凡·约翰逊主演。查尔斯也因此获得了巨大成就。

成功者有一个显著特征，那就是他们无不对自己充满了极大的信心，无不相信自己的力量。而那些没有做出多少成绩的人，其显著特征则是缺乏信心。正是这种信心的丧失，使得他们卑微怯懦、半途而废。

坚定地相信自己，绝不容许任何东西动摇自己有朝一日必定成功的信念，这是所有取得伟大成就人士的基本品质。许多极大地推进了人类文明进程的人开始时都落魄潦倒，并经历了多年的黑暗岁月。在这些落魄潦倒的黑暗岁月里，别人看不到他们事业有成的任何希望。但是他们却毫不气馁，始终如一地、兢兢业业地刻苦努力，他们坚信终有一天会柳暗花明。

由此可见，信心是使人走向成功的第一要素，当你真正建立了自信，才能一步步取得事业上的成功。

第四节　找回属于自己的自信

自信只是一种心态，需要的只是自己去发掘，并不需要过多繁杂的过程。只要相信自己的能力，自信就会回到我们身上。

现代社会，职业竞争越来越激烈，生存环境越来越艰难，拥有自信对一个人来说是非常重要的。只有自信了，你才能以一种良好的心态面对挑战与竞争，你才能更加快乐地工作和生活。

古往今来，许多人之所以失败，究其原因，不是因为无能，而是因为不自信。能够成就一番大事业的人，永远是那些相信自己、对自己充满信心的人。

缺乏自信心的人总是自怜自怨，认为自己从头到脚、从里到外一无是处，甚至不敢昂首走路。其实这种人并不是真的没有优点没有可爱之处，只是他们缺乏自信罢了。自信是一种力量，有自信的人总是魅力无穷，自信让人生变得美丽。

在美国纽约郊区的一个贫民区里，住着一位家境贫穷的黑人小女孩，她从小失去了父亲，她和体弱多病的母亲相依为命。因为她的母亲一没有文化，二没有技术，所以只能靠打零工维持母女俩的生计。因此，这个小女孩从小就很自卑，她从来没穿戴过漂亮的衣服和首饰。就在这样的环境中，小女孩一天天地长大了。

到了她十八岁那年的圣诞节，女孩的妈妈破天荒给了女孩10 美元，让她给自己买一份圣诞礼物。女孩很兴奋，她决定给自己买一件礼物。但是她没有勇气从大街上大大方方地走过，她捏着钞票，绕开人群，贴着墙角朝商店走。

一路上，她看见所有人的生活都比自己好，心中不无遗憾地想，我是这个街区最寒碜的女孩子。看到自己特别心仪的小伙子，她又酸溜溜地想：今天晚上盛大的舞会上，不知道谁会成为他的舞伴呢？她就这样一路想着心事躲着人群来到了商店。

一进门，女孩感觉自己的眼睛都被刺痛了，她看到柜台上摆着一批特别漂亮的缎子做的头花、发饰。正当她站在那里发呆的时候，售货员对她说：“小姑娘，你的亚麻色的头发真漂亮！如果配上一朵淡绿色的头花，肯定美极了。”

当她看到价签上写着 8 美元，就想着太贵了，自己不能买。就在她正在犹豫的时候，售货员已经把头花戴在了她的头上，并拿起镜子让她看看自己。

当这个姑娘看到镜子里的自己时，突然惊呆了，她从来没看到过自己这个样子，她觉得这一朵头花使她变得像天使一样光彩照人！

而且，这时售货员也赞叹道：“漂亮极了，你简直是上帝派到人间的天使。”

女孩不再迟疑，掏出钱来买下了这朵头花。她的内心无比陶醉、无比激动，接过售货员找的 2 美元后，转身就往外跑，结果在一个刚刚进门的老太太身上撞了一下。她仿佛听到那个老太太在叫她，但已经顾不上这些，就一路飘飘忽忽地往前跑。

女孩不知不觉就跑到了街区最热闹的地方，她看到所有人投给她的都是惊讶的目光，她听到人们在议论说：“没想到这个街区还有如此漂亮的女孩子，她是谁家的孩子呢？”

女孩又一次遇到了自己暗暗喜欢的那个男孩，那个男孩竟然叫住她说："今天晚上，我能不能荣幸地请你做我圣诞舞会的舞伴？"

这个女孩子简直心花怒放！她想索性就奢侈一回，用剩下的二美元回去再给自己买点东西吧。于是，女孩又一路飘飘然地回到了小店。

刚一进门，那个老太太就微笑着对她说："孩子，我知道你会回来的，你刚才撞到我的时候，这个头花也掉下来了，我一直在等着你来取。"

这个女孩是幸运的，一个小小的发饰就帮她找回了自信。工作中也是如此，只有拥有了足够的自信，我们才能够感受到自身的魅力。自信的力量是其他任何东西都无法替代的。正如莎士比亚所说："自卑者体会不到，也永远不能体会到自信者身上焕发出的那种荣光。"

有些人由于不自信使自己失去了很多机会，那么究竟怎样才能重新找回属于自己的自信呢？

一方面，要正确看待自己，寻找自己的长处，然后让自己的长处得以发挥。这样你就会获得成就感和满足感，有了成就感和满足感，自然就会建立起自信。有人说一个人要想获得成功，就要少想多做。这有一定的道理，任何事情，你积极努力地去尝试了，去做了，才有可能获得最后的成功。"行动胜于空谈"，有些事情你可以慢慢来，一点一点取得进步，获得成就感和自信。

另一方面，一个人不自信的最大原因很可能是外界对他的影响。要知道别人对自己的评价总归是他们的看法，我们无须活在别人的世界里，只要做好自己的工作就可以了。要有“走自己的路，让别人去说吧”的魄力。

总之，自信只是一种心态，需要的只是自己去发掘，并不需要过多繁杂的过程。只要相信自己的能力，自信就会回到我们身上。

第五节　给自己一个准确的定位

在职场上，找不到人生坐标的人，如同水上浮萍，整日飘忽不定，终究难以成就大事，而对自己未来有准确定位的人，才会始终如一地朝着目标前进，至少能使自己少走一些弯路，少做一些无用功。

很多人一生都在苦苦追寻成功的方法，结果却一无所获。这是为什么呢？很大的一个原因就是，他们没有给自己的人生一个准确的定位。只有给自己一个准确的定位，我们才能更好地认识自己、把握自己。这是一个很简单的道理。从某种意义上讲，认识了自我，也就找到了通往成功的路。职场是风起云涌的大海，没有明确的航线和灯塔的指引，你的航船将无以为向。

爱迪生说过：“天才就是百分之九十九的汗水加上百分之一的灵感，而决定成功的往往是后百分之一。”然而，我国的教育长期将这句话断章取义，我们通常所能看到的往往都只有前半句。可别小看了这后面的半句，毫不夸张地讲，少了这半句话，我们的成功路上不知道要多走多少不必要的弯路！前半句强调的是勤奋，是汗水。是的，勤奋对成功所起的作用不可或缺，然而现实生活中我们看到多少一生勤奋的人最终还是穷困潦倒。这是为什么呢？因为他们没有给自己的人生找到一个准确的定位，使得一生的努力都没有一个准确的方向。

然而，认识自己并不是一件容易的事。法国著名人文主义者蒙田曾说过：“世界上最重要的事情就是认识自我。”世界上有一个人，离你最近也最远；世界上有一个人，与你最近也最疏；世界上有一个人，你常常想起，也最容易忘记。这个人就是你自己。

有一天，一位禅师为了启发他的门徒，给了门徒一块石头，叫他去菜市场，并且试着卖掉它。这块石头很大，很美观，但是禅师说不要卖掉它，只是注意观察，多问一些人，问问它在菜市场能卖多少钱。

门徒去了菜市场。很多人看到石头，或者觉得它可以做成很好的小摆设，或者可以给孩子当玩具，或者可以把它当作称菜用的秤砣。于是，他们出了个价，但只不过是几个小硬币。

门徒回来告诉禅师它最多只能卖几个硬币。禅师说：“现在你去黄金市场，问问那儿的人，但是不要卖掉它，只问问价。”从黄金市场回来后，这个门徒很高兴，说这些人太棒了，他们愿意出到1000元钱。

禅师说：“现在你去珠宝商那儿，但不要卖掉它。”

门徒去了珠宝商那儿。他简直不敢相信，买主竟然愿意出5万元钱，他不愿意卖，他们竟抬高价格，出到了10万元、20万元、30万元。门徒不敢相信，感到这些人都疯了，他自己觉得菜市场的价格已经足够。

门徒回来，禅师拿回石头说：“我们不打算卖掉它，不过现在你应该明白，我想通过这件事看你是不是有试金石般的理解力。如果你生活在菜市场，那么你的认识就会很有限，你永远也不会认识到更高的价值。”

一个没有自信、无法认清自身价值的人，是很难在人生的道路上有所突破和有所建树的。许多人终其一生一事无成，就是因为他们低估了自己的能力，妄自菲薄，逐渐泯灭了内心深处对成功的渴望。

一个人究竟应该怎样定位自己呢？其实，只有做自己喜欢且擅长的事情时，才容易达到那种专注的、忘我的境界，才更容易取得成功。也就是说，准确地定位自己应该以天赋、爱好、兴趣为基准。

除此以外，人还要克服自卑感，认识自我的价值。伟大的思想家卢梭有一句名言：“人生的价值是由人自己决定的。”一个人只要认清了自我的价值，摆脱了自卑感，梳理了崇高的远大的目标，自强不息地奋斗、追求，他便能够在事业上有所收获、有所作为。

一块巨大的花岗岩分别被雕凿成佛像和条石，每天有无数的人踏着条石铺成的台阶去礼拜佛像，条石很不服气，对佛像说：“我们是同一块石头，为什么我被人踩在脚下，你却被人供奉？”佛像说：“你从石块变成条石，只经历的‘四刀’，而我从石头成为佛像却经历了‘千刀万凿’。”

其实，佛像无须感到尊贵，只是石头上倾注了佛的生命；条石也不必感到卑微，没有一块块条石铺就的阶梯，人们也很难去朝拜佛像。相同的花岗岩被赋予了新的定位，只是价值体现的方式不同，并没有本质的不同。

总之，在职场上，找不到人生坐标的人如同水上浮萍，整日飘忽不定，终究难以成就大事；而对自己未来有准确定位的人，才会始终如一地朝着目标前进，至少能使自己少走一些弯路，少做一些无用功。

第六节　利他的自信才有力量

自信是每个人走向成功过程中的助力器。自信自己一定能够成功的人，离成功也就又近了一步。

当然，仅仅只是对自己有信心还不够。你必须同时将信心传递给他人，用自己的自信感染他人。只有让所有人都能感受到你的自信，受到你的自信心的感染、鼓舞，你才能更好、更快地获得成功。

有位毕业于名牌学校的年轻人，很幸运地进入一家知名公司工作。刚进入公司的时候，他是一个小小的办公室文员，每天就是为老员工跑跑腿、倒倒茶。但是，他并没有因此而感到沮丧，他认为这也是一种磨砺，是人生的必经阶段。他想，自己有满腹的才华，一定会得到重用的，总有一天自己会做出一番成就。

由于总是充满自信，心态又乐观积极，时间一长，这位年轻人的举动赢得了同事们的好感，开始有越来越多的人提携他。而公司领导也开始安排他负责公司的重要客户，同时还给他许多外出学习的机会。

渐渐地，这位年轻人的工作能力体现出来，他为公司争取到了很多客户。许多客户都对他称赞不已。此时，那些曾提携帮助过他的同事却纷纷感受到了他带来的压力，开始慢慢疏远他。这让年轻人一度陷入了迷茫和郁闷之中。后来，他终于想通了，原来真正的自信，不仅仅是要激励自己前进，同时也要激发他人的自信和潜力。于是，他开始像原来一样向老员工请教问题，向他们学习经验，同时适时表现出自己的不足。他也没忘记适时地赞美老员工的能力，尊重他们的意见。

在他的感染下，没多久，老员工又接受了他。并且，在大家的互相鼓励下，所有人的业绩都提升了许多，所有人也越来越自信满满。这个时候，对于年轻人的升职，大家再也没有什么不满了，而只是由衷地高兴。

如果不能把自信的能量传递给他人，而只是拥有个人的自信，那么在他人看来，你就不是自信，而是自傲。事实上，很多人都会犯这样的错误。他们面对任何挑战都自信满满，永远不言放弃。他们认为自己的这种表现是自信的表现，殊不知在别人看来，他们固然自信，但同时未尝没有自傲的成分在内。

其实，真正的自信应该是让所有人都感受到你的积极向上，从而带动所有人的工作热情。像故事中的年轻人，当他认识到这一点后，就采取了向同事展现自己的缺点来重新获得他们的信任，然后再一点点激发他们自信心的方式。这就是传递正能量的一种技巧。

尊重、赞美和鼓励都是传递正能量的有效方式，它们可以让别人更加自信，更加敢于表达自己的观点。所以，在人际交往中，我们要学会尊重、赞美和鼓励他人，因为每个人都会渴望成功和肯定。

要将自信传递给他人，就不要吝惜你的赞美和尊重。因为每一个人都渴望阳光和温暖，所以，在人际交往中，我们不妨就将阳光和温暖传递给他人，让自信的笑容也绽放在他人脸上！

能将自信传递给他人的人，不但能受到同事的欢迎、老板的赏识、客户的认同，同时也能让自己受益匪浅。在人际交往中，最受欢迎的就是向别人传递积极情感的人，所以，我们不妨展露自己自信的笑容，将赞美和尊重赠给他人。

第七节　增强自信心

与人交往中的胆怯心理、紧张情绪大都因为缺乏自信。实际上，很多时候并不是自己不行，而是自卑心理作怪。因此要战胜自卑感，增强自信心。

林肯出身于一个农民家庭，他曾是一个内心自卑却又渴望成功的人。他当上总统后，复杂的政事令他患上了严重的抑郁症。他常常失眠，精神紧张，甚至对生活感到绝望。但是，后来他却在没有心理医生帮助的情况下调整了过来。

原来，他喜欢上了一件事情，那就是剪报。他每天都会剪下报纸上人们对他的赞誉的话语，然后揣在口袋里。在每一个重大会议召开之前，在每一次情绪紧张的时候，他就会掏出一张纸片，然后给自己鼓劲，以舒缓紧张的情绪。他遇刺后，人们在他的上衣口袋里发现了那些赞美他的报道纸片。

对于性格内向、自尊心过强的人来说，因为自卑心理作怪，往往认为自己不如别人，怕别人看不起自己，怕丢面子。其实，真正看不起你的是你自己，而不是别人。因此，要克服人际交往中的紧张情绪，必须战胜自卑感，增强自信心。

自信是自我推销的前提，一个没有自信心的人不可能成功地推销自己。

那么，如何才能有针对性地提高自信心，以缓解自己在人际交往中的紧张情绪？

首先，我们要敢于突出自己。我们知道，无论是各种形式的会议还是各种类型的课堂上，后面的座位总是首先被人坐满。这其实就是没有自信心的表现——人们不希望自己太显眼，所以就把自己放在了不显眼的位置。

要提高自信心，我们就要在这类场合敢于坐到前面。因为将自己置于众目睽睽之下是需要足够的勇气和胆量的。久而久之，这种行为成为了习惯，自卑也就在潜移默化中变为了自信。

其次，我们在与人交流时，要用正视的目光看着对方。一个人的眼神可以传递出微妙的信息：不敢正视别人，意味着自卑、胆怯、恐惧；躲避别人的眼神，则可能意味着你心里的阴暗、不坦荡的心态。而正视对方则是在告诉对方："我是诚实的、光明正大的，我非常尊重你、喜欢你。"所以，正视对方，既是积极心态的反映，也是自信的象征。事实上，越是因为紧张而不敢正视对方，你可能会愈加紧张，这是一种恶性循环。

最后，我们一定要充分利用各种当众发言的机会，练习当众发言的胆量。

面对一群人侃侃而谈是需要勇气和胆量的。有的人非常有能力，但只要一当众发言，哪怕是自己最熟悉的事情也会说得磕磕绊绊，甚至紧张地说不出话来，这就是没有自信心的表现。要想改变这一现状，就要练习当众发言的胆量，不论参加什么会议，每次都主动发言。事实上，有许多原本木讷甚至有口吃的人，都是通过练习当众讲话而变得自信起来的。如英国剧作家萧伯纳、日本政治家田中角荣、古雅典的雄辩家德谟斯梯尼等，都是通过这种方式来提高了自己的自信心。

其实，如果你知道在一个相互都不熟悉的聚会上，有90%的人都在等待着别人来与自己打招呼，你就知道人际交往中的紧张情绪是多么常见。而如果你能主动走到别人的面前，主动与他们交谈，那么你将会成为那充满自信心的10%。

当你尝试着向陌生人伸过手去并主动介绍自己时，你会发现这比被动地站在那里要轻松、自在多了。一旦这种做法成为习惯，你就会摆脱人际交往中的紧张情绪，变得洒脱自然起来。

第八节　幽默者自信

幽默是生活送给人类的礼物，是心情的调味剂。但是很多人没能好好利用它，没能够发挥它的真正作用。

一个心胸狭隘、道德败坏的人是不会有幽默感的。幽默者品德要高尚，要心宽气朗，对人充满热情。成功者之所以成功，很大一方面要归功于他们在与人讲话、沟通时，言谈话语间时常流露出的语言艺术，以及对生活的热爱，使人感到分外热情、亲切。事实上，也正是因为他们的这种幽默儒雅的气质、高尚的情绪，才拉近了与他人的距离，并帮助他们在生活和事业中更加一帆风顺。

在美国曾有这样一件令人称道的事：

美国哲学家乔治·桑塔亚那选定在某一天结束他在哈佛大学的教授生涯。那天，他在哈佛大礼堂讲授最后一课的时候，一只美丽的知更鸟停在窗台上，不停地欢叫着。桑塔亚那出神地望着小鸟。许久他转向听众，轻轻地说：“对不起，诸位，失陪了，我与春天有个约会。”说完，迈着轻快的步子走了出去。

这句美好的结束语充满了诗意，颇具幽默感。可以肯定地说，不热爱生活的人，无论如何也说不出这种诗一般的语言。

美国钢琴家波奇有一次在密歇根州的福林特城演奏时，发现全场观众很少，还不到半数，他心里感到很失望。不过，他很从容地走到舞台面前，对观众说：“你们福林特城的人一定很有钱，我看你们每人买了两个座位的票，真阔呀！”话刚落音，全场欢声雷动起，现场的气氛立即被调动起来了。

在尴尬的情景下，无伤大碍地幽默一下可以很好地缓解紧张的情绪，放松心情。现实中，也只有那些自信、乐观的人才会对一些不尽如人意的事泰然处之。

幽默的好处之一就是，它不但可以让我们的心情变得轻松，还可以化解那些对我们抱有恶意的态度。当别人以讥讽、不屑的语气奚落我们时，如果我们能够适当地自嘲一下，不但可以避免接下来的争吵，还可以打消对方对我们的恶意。

有一次，林肯在森林里遇到一个老妇人，她对林肯说：“你是我见过的最丑的人。”

林肯回答她说：“请多包涵，我是身不由己。”

老妇人笑了，说：“我倒不以为然，你应该待在家里不出门啊！”

这个故事是林肯亲口讲给人们听的。林肯的这番趣谈，使在场的听众笑得前仰后合。从中可以看出，林肯有多么自信和乐观。他敢于面对现实、承认现实，正是这种正视自我的态度，促使他不断努力，取长补短，最终成为美国最伟大的总统之一。

还有一次，林肯正在演讲，一个青年递给他一张纸条。林肯打开一看，上面只有一个单词："笨蛋"。林肯脸上掠过一丝不快，但他很快恢复了平静，笑着对大家说："本总统收到过许多匿名信全部只有正文，不见写信人的署名，而今天正好相反，刚才这位先生只署上了自己的名字，却忘了写正文。"

说话幽默是一个人生活态度的反映，是对自身力量充满信心的表现。一个人只有对自己的前景充满信心与希望，他才能发出由衷的笑声。这类人即使暂时处于逆境，仍会对生活充满自信，在困境中发掘幽默，用快乐的声音熨平生活留下的伤痕。而一个心胸狭窄、整天愁眉苦脸、怨天尤人的人，他的生活只会充满痛苦和绝望，他也不可能在谈吐中流露出幽默的音符。

德国伟大的诗人、思想家海涅是一个无神论者，他在临终告别人世时的最后一句话是："上帝会不会忘记我——那是他自己的事。"

在这里人们看不到海涅面对死亡时的悲哀，只看到了他对人生的哲理思考，以及他用幽默持续到生命最后一息的乐观心态。也许上帝会忘记他，但他的人格魅力、睿智的思想、幽默的语言却让后人们永远记住了他。

第三章
创新力：突破思维常规，创造新的世界

思维是人类最为本质的特征，是人一切活动的源头。无论是做事还是做工作，人都离不开正确的思维方式。正确的思维方式可以使混乱变得清晰，能使工作变得有起色，也能使人做起事来更得心应手。

激发你的正能量

第一节　不要掉入惯性思维的陷阱

人们在生活中一旦形成了某种固定观念，就会束缚住自己的手脚，限制住自己的思维，形成可怕的思维定式，成为人们认识事物的障碍。而很多时候，我们做不好一件事情，恰恰源于对事物的认识不够。

在一座无人居住的房子外，一只鸟儿每日总是准时光顾。它站在窗台上，不停地以头撞击玻璃窗，每次总被撞落回窗台。但它坚持不懈，每天总要撞上十来分钟之后才离开。人们猜测这只鸟大概是为了飞进那房间。然而，在鸟儿站立的窗台边，另一扇窗户是打开的，于是人们便得出这样的结论：这是一只笨鸟。后来，有人用望远镜观察，发现那被撞的玻璃窗上沾满了小飞虫的尸体。鸟儿每次都吃得不亦乐乎！

这就是我们的惯性思维。我们怎么也没有想到鸟儿有如此独特的觅食方式，而人类却总是按照自己日常的思维方式去评判鸟儿的世界。

拥有惯性思维的人在确立人生发展方向与目标时，容易受现有条件的限制，经常说“做不到”。他们恪守着有多大能力做多大事的人生原则，绝不会寻求突破，更不会去挑战自己认为做不到的事情。

保守并不见得是件坏事，因为它让我们变得踏实、稳健。但是，如果保守变成了僵化，那么我们的人生将会变得非常可悲。因为僵化的思维会让人囿于陈规，在思维定式的运作下按部就班。而很多时候，我们的失败恰恰都是败在思维定式上。无数的成功事实证明，伟大的创造、天才的发现，都是从突破思维定式开始的；但如果在自己的思维定式里打转，即使是天才也走不出死胡同。

我们知道，动物园里那些看起来力大无穷的大象，在驯兽员面前总是表现得非常乖巧，甚至会对驯兽员有一种恐惧心理，为什么会这样？

据说，泰国人总是把作为谋生工具的大象，拴在一根极为不起眼的小木桩上。论大象的力气，可以轻而易举地把木桩拔起。然而这些“庞然大物”们从来不会尝试挣扎。当地人解释说，象生下来不久，人们就会把它们拴在树桩上，这些被束缚了自由的小象们通常会惊慌失措，不断挣扎，甚至不惜伤痕累累。然而凭它们之力是无法撼动树桩的。几次反复，小象们就意识到自己根本无法摆脱这束缚。当小象长成大象后，人们往往只需要一根小木桩就可以把大象拴住，因为它们已经习惯了这种不可摆脱的束缚，并且也习惯了接受这种挫折。

在我们的生活中，很多人也像那大象一样，被一种无形的东西禁锢着，阻碍了他们的成功，这种东西就是人的思维定式。人一旦形成了习惯的思维定式，就会习惯地顺着定式的思维思考问题，不愿也不会转个方向、换个角度想问题，这是很多人的一种愚顽的“难治之症”。

在上课时，一位老师给学生们讲述了这么一个故事：

“一个聋哑人到五金行买钉子，他先用左手做持钉状，然后右手做锤打状。售货员递过一把锤子，聋哑人摇了摇头，指了指做持钉状的两个手指，这回售货员终于拿对了。这时，又来了一位盲人顾客，他想买一把剪刀……

“那么，那位盲人又该怎样用最简单的方法买到他要的剪刀呢?”老师向学生提问。

老师话音刚落，有一个学生就抢着回答道：“只要伸出两个指头模仿剪刀的样子就可以了。”其他同学也纷纷点头一致认同。

不料，老师却摇摇头，说道：“其实，盲人只要开口说一声就行了。”

同学们这才恍然大悟。

老师语重心长地说：“记住，一个人进入思维的死胡同后，智力水平就会处于常人之下。”

对于每一个人来说，我们的思维能力都是处于发展、变化中的，但有时人的思维也会存在一种相对稳定的状态，这种状态就是由一系列的习惯性行为所构成的思维方式。

思维是成大事者的力量源泉，也是人能够改变自己的内在基础。不善改变自己的思维习惯，就找不到成功的路径。一个不善于思考难题的人，会遇到许多取舍不定的问题；相反，正确的思考之所以能发生巨大作用，是因为它可以决定一个人在面临问题时应该采取什么样的行动。

习以为常、耳熟能详、理所当然的事物充斥着我们的生活，使我们逐渐失去了对事物的热情和新鲜感。经验成了我们判断事物的唯一标准，存在的也当然变成了合理的。而且，随着知识的积累、经验的丰富，我们也变得越来越循规蹈矩，越来越老成持重。于是创造力丧失了，想象力萎缩了，习惯性思维成了我们超越自我的一大障碍。

第二节　破除僵化思维，让你离成功更近

现实生活中，无论是人生遇到坎坷，还是求职遇到挫折，我们都不能以一成不变的眼光去看世界，而应该积极主动调整策略、另辟蹊径。唯有如此，我们才能不断战胜困难，不断超越自己。

虽然说自信是成功的第一要诀，但我们仍然需要怀疑自己，否定自己。我们可以执着，但我们更要清醒。很多时候，你之所以陷入了困境，就是因为你没有换一种思维去品读生活与发现自我。只有走出自己的习惯，换一种思维，你才会有更多的崭新的认知。而换一种视角，你同样会有更多惊喜的发现。因为，上帝在为你关上一扇门的时候，同时也为你打开好多扇窗。

要成功，就要打破传统的、僵化的思维，学会转化自己的思考方向，这样你会发现眼前道路变得更明确、更宽广了。正如爱因斯坦说的那样，“改变思想，才能改变一切”。

一个好主意，胜过十年辛苦奋斗。做事具有四两拨千斤思维的人，从繁杂的表面现象中，抓住事物的本质和核心，从而正确地预测事物的进程和未来，这样的人想不成功都难。

有一个缺水的边远小镇，居民要到5里外的地方去挑水吃。

在这个镇上，有一个脑瓜比较灵活的村民甲，看到了其中的商机。于是，他挑起水桶，以挑水、卖水为业，每担水卖2角钱，虽然辛苦点，还算是一条不错的路子。

村民乙看了，觉得钱为什么只让他一个人赚呢？于是，他也走上挑水、卖水之路，并且将两个儿子也动员起来，当然钱包也鼓了。甲想，你家劳动力强，我比不过，索性买来了20副水桶，请了20个闲散劳动力，由他们挑水，自己坐镇卖水，每担水抽成5分钱。这样，既省了力气，又多赚了钱。可时间一长，这些闲散劳动力熟悉了门道，不再愿意被抽成，纷纷单干去了。于是，甲一下子成了光杆司令。

甲思索之后，请人做了两个大水柜车，并租来两头牛，用牛拉车运水，每次40担，效率又提高了，成本却降低了，因此赚头更大了。这让其他人看得直眼红。人们很快看到“规模经营”的优势，于是纷纷联合起来，或用牛拉车，或用马拉车，参与到竞争中。

然而，正当竞争日益激烈时，人们突然发现，自己的水竟然卖不出去了。原来，甲买来水管，安装了管道，让水从水源直接流到村子里，自己只要坐在家里卖水就行了，且价格大幅度下降，一下子垄断了全部市场。

这就是突破常规、跳出惯有的思维习惯的做法，想别人所不想，干别人所不干。这个世界上，创新就是成功之门。每个人在日常生活中都会形成某种程度上的思维定式，以后再改变这种思维定式就不是件容易事了。

人执迷不悟的原因有许多，一个最重要的原因就是习惯性思维，不懂得变化。每个人都会有认识事物的习惯，而从前的认知习惯往往会影响后来的认知方式，从而导致不能根据事发地点、具体时间而进行适时地变换。

古人说得好，“天生我材必有用”，俗语也说“东方不亮西方亮”，如果我们能够灵活地调整目标，改变思路，使自己的思维活跃起来，你会发现事情很快就会出现“柳暗花明又一村”的景象，前途充满无限光明。

在一次有许多中外学者参加的、旨在开发创造力的研讨会上，日本一位创造力研究专家村上幸雄应邀出席了这次活动。

在这些创造性思维能力很强的学者同人面前，风度潇洒的村上幸雄先生捧来一把曲别针说：“请诸位朋友动一动脑筋，打破框框，看谁能说出这些曲别针的用途，看谁的创造性思维能力开发得好，想法多而奇特。”

不久，就有来自河南、四川、贵州的一些代表踊跃回答：“曲别针可以别相片，可以用来夹稿件讲义。”“纽扣掉了，可以用曲别针临时钩起……”大家七嘴八舌，说了二十几分钟，其中较奇特的是把曲别针磨成渔钩去钓鱼，大家一阵大笑。

村上对大家在不长时间内讲出好几十种曲别针的用途很称道。

人们问：“村上，您能讲出多少种？”

村上莞尔一笑，伸出 3 个手指头。“30 种？”村上摇摇头。“300 种？”村上点头。人们惊异。大家不由地佩服这个聪慧敏捷的思维专家。众人都等着村上说出这 300 种用途。村上紧了紧领带，扫视了一眼台下那些透着不信任的眼睛，用幻灯片映出了曲别针的用途……这时中国的一位号称“思维魔王”的怪才向台上递了一张纸条：“关于曲别针用途，我能说出3000种，3万种！”邻座对他侧目：“吹牛不罚款，真狂！”

第二天上午11点，他“揭榜应战”，轻松地走上讲台。他拿着一支粉笔，在黑板上写了一行字：“村上幸雄曲别针用途求解。”原先认为他狂妄的听众们被吸引过来了。他说：“昨天，大家和村上讲的曲别针的用途可用4个字概括，这就是：钩、挂、别、联。要启发思路，使思维突破这4种思路，最好的办法是借助于简单的形象思维工具——信息标与信息反应场。”

他把曲别针的总体信息分解成重量、体积、长度、截面、弹性、直线、银白色等十多个要素。再把这些要素用若干根标线连接起来，使这些要素形成无数条信息连线。

然后，再把与曲别针有关的人类实践活动要素进行综合分析，连成信息标，最后形成信息反应场。这时，借助于超常思维之光，这枚平常的曲别针马上变成了孙悟空手中的金箍棒，变幻莫测起来。

通过信息反应场的两坐标轴，可推出一系列曲别针在教学中的用途——把曲别针分别做成阿拉伯数字，再做成数学运算等符号，用来进行四则运算，运算出数值，就有1000万、1亿……

曲别针可做成英、俄、希腊等外文字母，用来进行拼写单词。曲别针可以与盐酸反应生成氢气，可以用曲别针做指南针，串起不导电。曲别针由铁元素构成，铁与铜化合是青铜，铁与几十种不同的金属元素分别化合，生成的化合物则是成千上万种……实际上，曲别针的用途，几乎近于无穷！

他在台上讲着，台下一片寂静。与会的人们被“思维魔王”深深地吸引着。著名科学家温元凯高兴地说：“高明，简直是点金术。”

此时，再也没有人认为说曲别针有3000种、3万种用途是吹牛，大家都觉得这种新的思路新奇，普遍陷入如何打破原有思维模式的沉思中。

追求成功，最重要的是要有良好的思考模式。哲学家亚伦曾说：“良好的思考与行动不会产生坏结果，糟糕的思考与行动不会产生好结果。”一切事物的起源都是从改变思维开始，改变命运就应该从改变思维做起。

改变人生，就要从改变思维开始。

第三节　摆脱目光短浅的思维习惯

许多人很容易形成一种僵化思维，这对自己的事业发展是极为不利的，所以我们要尝试着改变自己的思维习惯。

一个人要成功，就要有胆识、有远见，看得远、看得高，不计较一时的得失，这样才能够掌握先机，把握机会，而且能进能退、能前能后、能有能无。

有这样一个有趣的故事：

有一个美国人、一个法国人、一个犹太人，他们在同一天被关进了监狱，刑期都是三年。有一天，监狱长对他们说：“你们现在每个人可以向我提一个要求，只要合法，我一定满足。”

美国人说："我要够我三年抽的烟草。"法国人说："我要一个美丽的女人。"犹太人说："我要一部联网的电脑。"

三年过去了。美国人从监狱中冲了出来，满脸烟末，狂吼着要打火机。法国人和一个女人从监狱里出来，他抱着一个孩子，那个女人领着一个孩子，女人的肚子里还怀着一个孩子，两人都一脸愁容：三个孩子，怎么养活？只有犹太人出来时满面春风，他握着监狱长的手说道："谢谢你了，多亏了这部电脑，三年中我的生意不但没有中断，还扩大了两倍。为了表示谢意，我送你一辆奔驰车。"

上面故事中的犹太人，在考虑问题时，富于预见性，最终获得了成功。而那个美国人和法国人，走一步看一步，只考虑眼前的快活，不为以后打算，结果虚度了三年时光，并给以后的生活留下了负担。

这就是不同的思维习惯带来的不同结果，如果你考虑得不够长远，那就得承受短视带来的苦果。我们常把只看眼前不顾以后的做法称为短视，而一个短视的人往往很难正确处理生活中遇到的各种问题，而且也很难有什么成就。

在不断前进的人生旅途中，一个人如果总是想一步走一步，那么他一定会碰到很多障碍。所谓"人无远虑，必有近忧"就是这个道理。只有抛弃短视的恶习，多做一些长远打算的人，才能掌握自己的人生，拥有一个美好的未来。

有这样一个寓言故事：

一位没有继承人的富豪死后将自己的一大笔遗产赠送给远房的一位亲戚，这位亲戚是一个常年靠乞讨为生的乞丐。这名接受遗产的乞丐立即身价一变，成了百万富翁。

新闻记者便来采访这名幸运的乞丐：“你继承了遗产之后，你想做的第一件事是什么？”乞丐回答说：“我要买一只好一点的碗和一根结实的木棍，这样我以后出去讨饭时方便一些。”

目光短浅的人看不到长远的发展，对未来没有信心把握，甚至根本就没想到把握未来的事情。因此，他们容易被眼前的一些蝇头小利所诱惑，往往因小失大。

合作是以获取长远利益为出发点的，如果彼此计较太多就会失去更多。

有一只骆驼离开主人，独自漫步在偏僻的小道上。长长的缰绳拖在地上，而它却漫不经心地只管自己溜达着。

这时，正好来了一只老鼠。它咬住缰绳的一头，牵着这只大骆驼就走。老鼠得意地想：“嘿，瞧我的力气多大啊！我能拉走一头大骆驼呢。”

一会儿，它们来到河边。大河拦住了去路，老鼠只好停了下来。这时，骆驼开口了：“喂，请你继续往前走啊。”

“不行啊，”老鼠回答说，“水太深了。”

“那好吧，”骆驼说道，“让我来试试看。”骆驼到了河中心便站住了，它回头叫道：“你瞧，我没说错吧，水不过齐膝盖深。好啦，尽管放心下来吧。”“你说得对。”老鼠答道。“不过，正如你所看到的，你的膝盖和我的膝盖之间可有一点小小的差别啊。劳驾，请你帮我渡河吧。”“好，你总算认识到自己的不足了。”骆驼说，“你很傲慢，夜郎自大。要是你能保证今后谦虚一点，我才肯帮你渡河。”老鼠不好意思地笑着答应了。

就这样，它俩一起平平安安地到了对岸。

世界上没有无所不能的事物，人都有自己做不到的事情。谦虚的人通常能看到自己的不足，并与强者联合共渡难关，在彼此关爱中享受生命的快乐，这才是智者的思考方式。

第四节　时时创新，每天给自己换一个“大脑”

实践告诉我们，如果你墨守成规，等待你的只有失败；如果你稍微动一下脑筋，对传统的思维方式进行一番创新，就能获得成功。我们必须具有创新意识，要能够根据实际情况与形势变化而采用不同的战略，这样才能增加取胜的筹码。

事实是，在很多时候，我们的战略在制定之初并没有问题，问题出在我们的战略没有跟随外界环境的变化而做相应的调整，战略需要“创新”。

在大多数情况下，战略对公司而言只是适合不适合的问题，而不是对与错的问题。只有创新，才是真正关系到公司的生死存亡。

自从20世纪世纪90年代，互联网被引入中国，“复制”或者说“抄袭”就成为中国互联网最典型的特征之一。

2005年7月，Myspace被新闻集团以5.8亿美元的价格收购后，国内随之涌现出20家以上模仿的互联网企业；Youtube以750万美元创业，两年内便创造了16.5亿美元的价值，国内类似的视频网站也一夜间多达数百家；而随着美国三维虚拟网络社区“Second Life”大行其道，国内同样概念的新兴网站也不胜枚举。

相比创造一种新的赢利模式的投资风险、研发投入和运营难度，将已有的成功模式全盘复制无疑是一种“小投入、低风险”的捷径。但或许正应了那句古语，“橘生淮南则为橘，橘生淮北则为枳”，追随者虽众，“大产出、高赢利”者寥寥无几。

只有创新才能生存，而创新并不仅仅局限于技术和赢利模式的创新。可以说，在任何事情上，都要独辟蹊径，找到与众不同的道路。

任何事情的成功，都是因为能找出把事情做得更好的办法。不要认为创新很难，提到发明创造，很多人会马上想到：“那是专家的事。”实际上，这种想法是十分错误的。因为某某人有发明创造，我们才称之为专家；而不是因为某某人是专家，他才会有发明创造。俗话说得好：“没有做不到，只有想不到。”只要你能经常动脑，注意身边的小事，你就会有创新的灵感。

创新是一个人迅速走向成功所必备的优点，也是每一个成功者都应该养成的做事习惯。虽然许多人也非常优秀，并且个人也是非常有才华与学识，但是却仍然没有取得事业上的成功。其中一个重要的原因就是他们做事总是囿于固有的经验与知识，而不敢大胆地进行创新。

在1974年，美国政府对自由女神像翻新后留下一堆废料，便开始向社会招标清理废料。结果无人竞标。这时候，一位犹太人听说后，立即飞往纽约，当他看到那些堆积如山的废料，未提出任何条件便当场签字。不少人对此表示不解，结果却出乎意料——这位犹太人不仅清理了垃圾，还使这些垃圾变成了金块。

他把这些材料分类加以利用：把废铜融化，做成小自由女神的铜像；把废木加工，做成木座；废铅、废铝则改造成广场的钥匙；甚至还将灰尘出售给花店。如此一来，不仅实现了资源的有效利用，还避免了因环保问题产生的纠纷。不到3个月时间，这堆废料就变成了350万美金。这位犹太人便是麦考尔公司的董事长。

我们在日常的工作、学习和生活中往往会形成一种处事方法，养成一种习以为常的做事习惯，总是习惯性地、不加思考地按常规去做一些事情。但是任何事情都不是一成不变的，同样的事情在不同的时候往往会呈现出不同的状态。所以，在面对这样的问题时就要学会大胆创新，而且也只有创新才有出路。

打破常规，实际上就是要发散自己的思维，“不按牌理出牌”，从常人难以想到的地方进行思考。其实所有前人总结的管理模式与方法对处于崭新环境中的企业来说，都只能提供一个借鉴和参考，我们决不能生搬硬套、照猫画虎，而不考虑自己企业的具体情况，活在模式的阴影里。

要发挥创新潜能，敢于冒险与创新，精心地培养自己的创造力。我们唯一的希望就是：养成每天都换一个大脑的好习惯！

第五节 逆向思维带你走上成功之路

思考的形式是多种多样的，但是从反面思考尤为重要。成功者常常从反面去思考和判断问题，去总结教训，为下一次行动获得经验。

在创新的过程中，知识的贫穷并不可怕，可怕的是想象力的贫乏。

爱因斯坦说："想象力比知识更为重要。"当面对创新的事物时，如果受惯性思维的约束，就会形成对创造力的障碍。人的一切发明与创造都源于想象力。充分展开你的想象，才能够有与众不同的想法，才能有与众不同的收获。

1881 年 7 月，美国总统詹姆斯·加菲尔德在华盛顿车站遇刺，身受重伤，住进了医院。

时值盛夏，天气闷热难耐，病床上的加菲尔德总统危在旦夕，急需进行手术。

由于室内温度太高，医生指出，只有将温度降到 30℃以下，才能保障手术的安全。无奈之余，政府只好把这一重任交给了一名叫谢多的美国工程师。

谢多曾经在矿山工作过，有着丰富的井下作业经验，他知道怎样对煤矿巷道内的空气进行稀释，从而使瓦斯的浓度降到最低。

然而，给室内的空气降温的事，在此之前的若干年，别说是谢多，就连一些科学家们也从来没想到过，在许多人的实验中除了高山上的冰雪，这世上根本就找不到可以人为降温的方法。

谢多是位善于思索的工程师。他想，既然空气经过压缩之后会释放热量，那么压缩后的空气恢复到原来的正常状态，是不是会吸收热量呢？

谢多立即动手进行试验，结果发现把压缩的空气还原，可以使周围的空气冷却。谢多给总统的病房安装了这样的机器，成功地使室内温度从37℃降到了25℃。

手术得以进行，谢多也因此成为世界上第一台空调的发明者，使自己从一名默默无闻的工程师，一跃成为一种崭新生活方式的创造者。而他所做的，仅仅是在众所周知的普遍原理的基础上，给思维转了个身而已，使思维逆转了过来。

这就是逆向思维的结果。逆向思维是人们一种重要的思维方式，它就是把那些对于人们司空见惯的、似乎已成定论的事物或观点反过来的一种思维方式。“反其道而思之”，让思维向对立面的方向发展，从而寻求到解决问题的方法。

人们习惯于沿着事物发展的正方向去思考问题并寻求解决办法。其实，对于某些问题，尤其是一些特殊问题，从结论往回推，倒过来思考，从求解回到已知条件，反过去想或许会使问题简单化，使解决它变得轻而易举。甚至因此而有所发现，创造出惊天动地的奇迹来，这就是逆向思维和它的魅力。

20世纪60年代中期，当时在福特一个分公司任副总经理的艾科卡正在寻求方法，改善公司业绩。他觉得，要达到这个目的，最好的办法就是推出一款设计大胆、能引起大众广泛兴趣的新型小汽车。但是，这个方案如何实施呢？

在确定了最终决定成败的人就是顾客之后，他便开始绘制战略蓝图。以下是艾科卡如何从顾客着手，反向推回到设计一种新车的步骤：

第一，要让顾客买车的唯一途径是试车。但要让潜在顾客试车，就必须把车放进汽车交易商的展室中。

第二，对于每一个汽车销售商来说，要吸引交易商的办法就是对新车进行大规模、富有吸引力的商业推广，使交易商本人对新车型热情高涨。所以，他必须在营销活动开始前做好小汽车，送进交易商的展车室。

第三，为达到这一目的，他需要得到公司市场营销和生产部门百分之百的支持。同时，他也意识到生产汽车模型所需的厂商、人力、设备及原材料都得由公司的高级行政人员来决定。

艾科卡一个不漏地确定了为达到目标必须征求同意的人员名单后，就将整个过程倒过来，从后向前推进。几个月后，艾科卡的新型车——野马从流水线上生产出来了，并在60年代风行一时。它的成功也使艾科卡在福特公司一跃成为整个小汽车和卡车集团的副总裁。

正所谓："山重水复疑无路，柳暗花明又一村。"逆向思维会使你独辟蹊径，在别人没有注意到的地方有所发现、有所建树，从而制胜于出人意料。

与常规思维不同，逆向思维是反过来思考问题，是用绝大多数人没有想到的思维方式去思考问题。运用逆向思维去思考和处理问题，实际上就是以"出奇"去达到"制胜"。因此，逆向思维的结果常常会令人大吃一惊、喜出望外、别有所得。

第六节 站在对的立场上考虑问题

一个畜栏里关着一头乳牛、一只小猪和一只绵羊。一天，农夫捉住了小猪，它猛烈地抗拒，大声号叫，听上去撕心裂肺。

乳牛和绵羊对小猪这一强烈反应很讨厌，便说："小猪，你也太胆小了吧。我们两个经常被他捉，但是我们从来都不大呼小叫。"

小猪听了反问道："难道你们不知道，他捉住你们，只是为了要你们的乳汁和毛，但是捉住我，却是要我的命啊！这能一样吗?"

在这则小故事里，乳牛和绵羊嘲笑小猪胆小，是因为它们完全是站在自己的角度在考虑被抓这个问题，所以它们完全没办法理解小猪强烈的反应。

其实，在现实生活中，我们也常犯这样的错误，总是站在自己的角度去埋怨或指责别人的错误，却不知站在自己的角度和对方的角度看到的完全是两幅景象。

圣诞节前夕，一位母亲带着5岁的儿子去买礼物。大街处处都能听到圣诞节的赞歌，可爱的小精灵载歌载舞，橱窗里装饰着圣诞老人、松树彩灯，各式各样的玩具琳琅满目。

母亲想，一个5岁的男孩面对如此绚丽的世界一定会兴奋不已。可是不料，这时儿子却拽着她的衣角，呜呜地哭了起来。

母亲对儿子这一反应有些生气了，严厉地说："怎么了？你要总是哭，圣诞精灵就不会到咱们这儿来啦！"

儿子怯怯地回答："妈妈，我的鞋带开了。"

母亲只好在人行道上蹲下身来，为儿子系好鞋带。当她无意中抬起头来时才发现，原来站在儿子这个角度看到的只有粗大的脚印和女人们低低的裙摆在那里互相摩擦。而绚丽的彩灯、迷人的橱窗、餐桌上丰盛的食物……这些东西因为放得太高了，孩子根本就看不见。也难怪他无动于衷，还哭闹。

同样的世界，大人和孩子眼中看到的却截然不同，只因为双方所观看的角度不同。因此，在我们不能理解别人的言行时，不妨站在对方的角度再去看同样的事物，这时会有意想不到的收获。

这就是我们常说的换位思考。

现实生活中，每个人都有自己扮演的角色，活着就需要以自己的角色与各种各样的人打交道。学会换位思考能让我们与他人的交往更融洽。

做生意时，我们每个人的立场都不一样，自然每个人的目标也会有所不同。如果能够站在对方的立场上考虑问题，彼此都坦诚相见，建立彼此的信任，事情就有了转机。当信任建立后，可以分享资料，交换意见，互助合作，其最终的结果是共赢。

他之所以能够取得成功，并非是他独具慧眼，而是他懂得从对方的利益出发，让对方在合作中占到好处。

如果我们向客户推销产品，不应该单纯介绍产品的功能，而应该告诉对方，这个产品为什么适合他（她），让客户身临其境地体会产品的好处，客户怎么能不心动呢？

很多人会有这样的疑问：我们要站在对方的立场上想多久？而且对方的利益和我的利益对立，我站在对方的立场上想，是不是会影响到自己的利益？

站在对方的立场上想，并不是不考虑自己的利益，而是让对方获利的同时，自己也得到了利益，是一种共赢的思想。

之所以要站在对方的立场上想，最终目的是为了达成我们的目的，换句话说，如果对方觉得我们的确考虑到了他们的需求，并使用他们可以接受的方案，他们是乐于合作的。

第七节 思维快人一步，习惯高人一筹

一个人要想获得成功，就要不断地发明创造，打破常规，走到别人的前面。也只有如此，才能创造出万紫千红、绚丽多姿、五彩缤纷的大千世界。

在这个世界上，每个人处在同一起跑线上，不同的观念、不同的思维造就了人的未来、决定了成功的速度。

机遇只垂青那些勤于思考的人。培养新习惯，就是要学会变换新思路，遇事脑子多转几个弯，思维要永远快人一步，习惯要永远高人一筹。寻找习惯的空隙，用智慧创造奇迹，这样才能永远走在别人的前面。

有许多人一起开山，大多数人将石头卖给他人建房用；另一个人则运到码头卖给花鸟商人，比其他人赚的钱多好几倍，因为他发现山上的石头形状很美。后来，不准开山了，村里人都种果树，而他却种柳树。因为他发现好水果不难收购，但是水果商却为没有柳筐装水果而烦恼，所以他又比其他人多赚了很多钱。

不久之后，有一条横贯南北的铁路从这山里通车。村里人都在谈论要成立一个水果制品加工厂的时候，他却在自己家的地里砌了一道长百米、高三米的墙。这道墙面向铁路，背依翠

柳，两旁是一望无际的万亩梨园。坐在火车上的人，在欣赏盛开的梨花时，都会在那堵墙上看到四个大字：“可口可乐”。这是方圆五百里山川内的唯一一个广告，也是最具特色的一个路牌广告。因此他每年仅靠这个广告便可获得4万元的收益。

他的一系列“非常”举动引起了日本丰田公司亚洲区总裁山田信一的注意。山田信一被其罕见的商业头脑折服，决定将其收到自己的旗下，于是便去寻找他。当找到他时却发现，他正在自己的西装店门外与对面的服装店老板吵架。原来这两家店正在打价格战。此人店里的一套西装标价800元时，对街店里的同样西装却标价750元一套，他把价格降为750元时，对面的店又标出700元。一个月下来，他仅卖出8套西装，而对面的店却卖出800套。

看到这些，山田信一非常失望，认为他只不过是一个只会打价格战的小商人。然而后来他却改变了看法，因为他打听到对面那家服装店的老板也是他。

社会就是这样，善于动脑筋的人总是走在前头，而其他人则只能在后面跟着走。

改变人生，从改变思维开始。在全球化的浪潮中，灵活变通是必需的，灵活多变能把你引向成功的坦途，同时它也将成为你棋高一招的标志。只有拥有一个会思考、懂得灵活变通的脑袋，并善于利用它，你才能得到你想拥有的一切。

鲁班因茅草划破手发明了铁锯；牛顿看到苹果落地而发现了万有引力；达·芬奇通过观察鸟和杜鹃的飞行而设计了翼机。这些都说明了只有善于思考生活中碰到的问题，我们才能有新的发现、新的创造。

自古房子出售，都是先盖好房，再出售。对此，霍英东反复问自己："先出售，后建筑不行吗？"正是由于霍英东这一顿悟，使他摆脱了束缚，迈出了由一介平民变为亿万富豪的传奇般的创业之路。

霍英东是中国香港立倍建筑置业公司的创办人。在香港居民的眼中，他是个"奇特的发迹者"。"白手起家，短期发迹"、"无端发达"、"轻而易举"、"一举成功"等，这些议论将霍英东的发迹蒙上了一层神秘的色彩。

霍英东的发迹真的神秘吗？不，他主要是运用了"先出售、后建筑"的高招，而这一高招来自于他的思考和顿悟。

当然，有一个会思考的头脑，并不等于就有了一切。同时，还要具有冷静思考、触类旁通、他山之石以攻玉、弃人之短、取人之长的眼光。永远开创新的路子，永远拥有独到的智慧，最终将创新变成自己的日常习惯，使自己永远立于竞争的潮头。

一个非常著名的公司要招聘一名业务经理，丰厚的薪水和各项福利待遇吸引了数百名求职者前来应聘，经过一番初试和复试，剩下了10名求职者。

主考官对这10名求职者说："你们回去好好准备一下，一个星期之后，本公司的总裁将亲自面试你们。"

一个星期之后，10名做好了准备的求职者如约而至。结果，一个其貌不扬的求职者被留用了。总裁问这名求职者："知道你为什么会被留用吗？"

这名求职者老实地回答："不清楚。"

总裁说："其实，你不是这10名求职者中最优秀的。他们做了充分的准备，比如时髦的服装、娴熟的面试技巧，但都不像你所做的准备这样务实。你用了一种超常规的方式，对本公司产品的市场情况及别家公司同类产品的情况做了深入的调查与分析，并提交了一份市场调查报告。你被本公司聘用之前，就做了这么多工作，不用你又用谁呢？"

在生活中，我们总是习惯于遵循一贯的观点和想法；总是习惯于按常规去做一些事情，却不知道机遇往往就蕴藏在我们的灵机一动之中。因此，平时我们不妨问一下自己："为什么我们总是习惯于做大家都会做的事情，为什么不给自己一个突破的机会呢？"

的确，在人的思想里面，有千万个叫作灵感的精灵，它们随时可能跳出来，但也有可能永远躺在天堂里睡觉，而这一切都取决于我们自己。改变思维习惯就是要大胆地跳出传统的思维，跳出习惯性的思维，跳出大多数人的思维。敢想天下人所不敢想，敢为天下人所不敢为。

很多的事情，在未成功时都是不可能的，在未成功时都会受到别人的嘲笑，会受到别人的千般阻挠，只有在成功时，人们才会意识到他们当初的错误及无知，才会来嘲笑他们当初的做法。所以，一个人想成功就必须能承受别人所不能承受的，海纳百川，无所不包。以成功者的姿态，以大将的风范，以未来者的眼光，以圣人的胸怀，高瞻远瞩。

改变陈旧的思维习惯，培养有益的思维习惯，思考能力永远超人一步，行动能力永远高人一筹，这样你才有可能稳健地走向成功之路。

第八节　造就天才的思维方式

一般人的思维方式通常是复制性的，也就是说，以过去遇到的相似问题为基础。遇到问题的时候，我们就会选择以经验为基础的、最有希望的方法；相比之下，天才的思维方式则是创造性的。遇到问题的时候，他们会问："能有多少种方法看待这个问题?""怎样反思这些方法?""有多少种解决问题的方法?"他们常常能提出多种解决问题的方法，而且有些方法是非传统的，甚至可能是独特的。

天才们往往善于发现某个他人没有采用过的新角度。达·芬奇认为，为了获得有关某个问题的构成知识，首先要学会如何从许多不同的角度重新构建这个问题。他发现自己看待某个问题的第一种角度太偏向于自己看待事物的通常方式，他就会不停地从一个角度转向另一个角度，重新构建这个问题。他对问题的理解随着视角的每一次转换而逐渐加深，最终抓住了问题的实质。

有很多人躲避思考的理由是"费脑筋"，的确，思考是一件苦差事。但是，天才们之所以能够成为天才，就是在于他们能够勇于完成这个"转换"过程——变逃避用脑为乐于用脑。

爱迪生是一个伟大的发明家，对人类做出了很多贡献。在他 17 岁的时候，就已经以发明二重发报机开始了科学发明生涯。尝到思维价值的他，从此就在实验室的墙壁上贴了一张条幅，上面是雷洛兹爵士的语录："人总是千方百计躲避真正艰苦的思考。"下面是他自己的一句话："不下决心艰苦思考的人，便失去了生活中的最大乐趣。”这种提法耐人寻味，从他的话语中，我们可以知道：一方面，思考是艰苦的；另一方面，思考又是“生活的最大乐趣”！也就是说，即便是艰苦也是可以超越的，它可以被超越成“乐”！

爱迪生有一句世人通晓的名言是：“天才就是百分之一的灵感加上百分之九十九的汗水！”爱迪生所说的“汗水”，并不是表面所说的从事机械工作，而所谓“流汗”，其真正的含义就是指不断地用脑、不断地思考。爱迪生之所以被世人称为“世界发明大王”，正是因为有这样的勤于思考的意识，就是在于他的一生之中发明近2000多件，平均每15天就有一项发明。

成功不是想得来就能得来的，成功的机会在我们的周围到处都有，但要由敏锐的眼光和头脑来发现。

新泽西的纽瓦克有一位善于观察的理发师，他觉得理发的剪刀有待改进，便发明了理发推子，由此发了大财；缅因州有位男子不得不帮助卧病在床的妻子洗衣服，他感到传统的洗衣方法既耗费时间，又消耗体力，便发明了洗衣机，这样他也成了富翁；有一位先生受尽牙痛之苦，心想应该有一种方法把牙塞上来止痛，便发明了黄金塞牙法。

成就大事业或有重大发明创造的人并非财大气粗之辈。第一台轧棉机是在一个小木屋里制造出来的；美国第一艘汽船是由费奇在费城一座教学的工具室里组装起来的；麦考密克在小磨房里研制出著名的收割机；第一个船坞模型是在一间阁楼内制作的；马萨诸塞州沃塞斯特的克拉克大学创办者克拉克靠着马厩里制作的玩具马车开始发财；爱迪生早在做报童时，就已藏在行李车厢内开始了他的实验。

米开朗基罗在佛罗伦萨街边的垃圾堆里捡到一块被人扔掉的大理石，这块大理石是被一个不熟练的工人在切割过程中损坏的。无疑也有其他艺术家注意到了这块品质优良的大理石，但因其被损坏，所以只剩下了痛惜。只有米开朗基罗看到这块废弃的大理石中的天使，用凿子和锤子创作出人类历史上一件最优秀的雕像——《年轻的大卫》。

我们不可能人人都像牛顿、法拉第或爱迪生那样有伟大的发现及发明，也不可能像米开朗基罗或拉斐尔那样有传世之作，但我们可以抓住平凡的机会并使之不平凡，进而使我们的人生变得更壮丽。

作为一位正确的思考者，你可以充分利用这一人性特质，使你今天所思考的到了明天仍然反复出现，并进而接受此一再出现的思想，这正是明确目标的过程。著名的喜剧大师卓别林为此说过一句耐人寻味的话：“和拉提琴或弹钢琴相似，思考也是需要每天练习的。”

因此，天才的思维也是可以依靠练习来获得的，虽然这样说有点过于夸大其辞。但经过思考你会发现自己变得越来越有智慧，越来越善于思考了。由此，我们可以从这 5 个方面来锻炼自己。

第一，学习发散思维的能力。

每一个问题都会有多种答案，运用发散思维就是使这些答案浮现于脑海之中。一块砖头可以盖房子，也可以铺路，更可以当作锤子使用，当作武器搏斗……所以经常锻炼自己的发散思维能力，会使自己的思维更活跃，使事情的发展展现出无限的成功可能。

第二，多练习想象的过程。

想象力是人类进步不可或缺的能力，如果没有想象的参与，人类恐怕至今还停留在茹毛饮血的原始社会里。爱因斯坦说过：“想象力比知识更重要，因为知识是有限的，而想象力概括着世界的一切，推动着世界的进步，并且是知识进化的源泉。”所以，想象就是梦想的翅膀，虽不能马上看到成功，但它会加快我们成功的步伐。

第三，培养良好的思维习惯。

习惯是人体中的软件系统，在这个软件系统的使用下，人的许多行为与思维活动将处于一种不假思索的下意识状况，从而使大脑得以解放出来，集中到自由创造的方面上来，最终激发大脑的潜能。所以要培养人的良好行为习惯和良好思维习惯，解放人的大脑。

第四，学一点抽象思维。

抽象思维是与具体思维相对而言、相互转换的，只有撇开偶然的、具体的、繁杂的、零散的事物表象，才能通过推理和判断参透其本质。可以说，没有抽象思维就没有科学理论和科学研究。但是，抽象思维不能走向极端，还必须与具体思维相结合，最终找到解决事物的答案。

第五，掌握多种思维模式。

思维模式的类型多种多样，如积极主动的思维模式、循规蹈矩的思维模式、军人的思维模式、商人的思维模式、科学家的思维模式等。所以，我们应该学会从多角度展开思维，这样我们就不会思路闭塞，最终找到答案。

第四章

控制力：塑造你强大的气场

气场似乎是人们熟知而又不易捉摸的概念，大有“只可意会，不可言传”的意味。个人的气场就是指一个人的性格、言谈举止而形成的个人魅力及其影响力，带有很强的个性化因素。而人们往往只会注意到气场强大的人。因此，在人际交往中，有很多人一出场就成为众人瞩目的焦点，而有的人则存在感很低，实际上这都是由每个人的气场决定的。

激发你的正能量

第一节　气场是决定人生成败的基石

每一个人都渴望自己能够取得成功，但事实上并非每一个人都能成为成功者。成功者之所以成功，不仅是因为他们具有超越常人的才华，更重要的是因为他们具备成为成功者的气场。气场有助于人们克服困难，即使受到挫折与坎坷，依然能够保持乐观的情绪，保持旺盛的斗志，成功人士与一般人之间最大区别就在于气场的差异。

气场吸收了一个人成长中所有的得与失，里面包括他的性格、学识、教养、专业、品位、成长环境、家庭背景等，当然，还有他的外貌。这些物质经过各种方式的变化组合，形成一种独特的能量。这种能量以各种形态附着于他，形成了这个人独特的存在形式。

不论是在生活还是在工作中，我们每个人至少有两个自己，一个是内心真实的自己，另一个是我们展示给大家看的自己。气场是二者的结合体。气场每个人都有，但看不见摸不着。气场是装不出来的，气场是种感觉，比如大牌明星、公众人物乍一出场，那种架势、那股底气、那个范儿就是气场。生活中，领导者、电影演员、演讲家、培训师等，是体现气场最明显不过的角色。

海伦·凯勒 1880 年出生于亚拉巴马州北部一个叫塔斯喀姆

比亚的城镇。在她一岁半的时候，一场重病夺去了她的视力和听力，接着，她又丧失了语言表达能力。

但是，我们来看看海伦后来的成绩：她竟然学会了读书和说话，并以优异的成绩毕业于美国拉德克利夫学院，成为一位学识渊博，掌握拉丁、希腊、英、法、德五种文字的著名作家和教育家。她走遍世界各地，为盲人学校募集资金，把自己的一生献给了盲人福利和教育事业。因此她赢得了许多国家政府的嘉奖，并获得了世界各国人民的赞扬。

从海伦7岁受教育，到考入拉德克利夫学院的14年间，包括在大学学习时，许多教材都没有盲文本，要靠别人把书的内容拼写在她手上，因此她花费在预习功课的时间要比别的同学多得多。当别的同学在外面嬉戏、唱歌的时候，她却在努力学习。

1968年6月1日，88岁高龄的海伦走完她让人钦佩的一生。有人曾如此评价她：海伦·凯勒是人类的骄傲，是我们学习的榜样，相信众多的有残疾的聋、哑、盲人都能在黑暗中找到光明。

一个看不见任何东西、说不出一句话、听不见一丝声响的残疾人，为什么能够走出黑暗，做出让正常人惊叹的成绩？为什么能够赢得世人如此高的褒奖？除了靠海伦自己的顽强毅力和她的老师莎莉文的循循教导之外，恐怕起到关键作用的就是她的气场，在困难面前艰苦奋斗、不屈不挠的气场。

海伦·凯勒正是凭借自己的刻苦努力、丰富自我，形成了自己独特的气场，最终取得了辉煌的成就。

每个人对成功的定义都不一样，真正的成功应该是全方位的，包括朋友、家庭、心灵、时间和金钱等，但最终是精神上的东西。人是精神与物质相交融的产物。一个人只有主宰自己的气场优势，才能主宰自己的命运。

气场是衡量一个人综合指标的一个重要参数。这个参数的存在往往被人们所忽略。但客观存在的东西终究会被证实，特别是人们发现它的重要性的时候。因此，伟人往往就是这样的人——岁月的更迭不是影响他气质和气场的根本因素，反而倒是成就他一切的最有力的见证。

气场可以帮助每个人找到真实的自己，从而理解自己的思想，宽容自己，爱自己。当你真正了解了气场，你就能够达观地接受别人的意见，对别人的错误变得豁达、宽容起来。

其实，只要不带偏见地深入审视自己，总会找到自己气场中的优势。不同气场的人都可以成功，关键是我们怎么样去运用气场，怎么样运用好的方法使自己得到锻炼和成长，从而使气场带给我们的收获最大化。

第二节 用气场搞定职场

很多人为了能让自己成为焦点，或者为了显示自己与众不同，用华丽的衣服装饰包装自己，但是效果却不好，反而给别人肤浅的感觉。这是什么原因呢？很简单，因为没有气场。所以，如果想要提升自己的气场，做到气场出众，除了穿着得体，说话有分寸之外，还要不断提升自己的知识储备、品德修养，不断丰富自己。气场是一个人内在涵养或修养的外在体现，而不仅是做足表面功夫就行。

在现实生活中，有强大气场的人的确能吸引大家的目光，让众人追随。比如外貌秀丽、举止端庄、性格温柔的人，让人感受到恬静的静态气场；身材魁梧、行动矫健、性格豪爽的人，让人感受到粗犷的动态气场；外貌英俊、举止文雅、性格沉稳的人，让人感受到高洁优雅的气场。

一个人的气场同时也是其个性的外在表现。每个人的气场就是这个人与众不同之处，就是一个人在思想、性格、品质、意志、情感、态度等方面不同于其他人的特质，这个特质表现于外就是他的言语方式、行为方式和情感方式等，任何人都有自己独特的气场，而气场也决定了一个人是否能成为一种个性化的存在，个性化是人的存在方式。气场是一个人自身所特有的属性，是个人内在的东西由内及外散发出来所形成的氛围。

一个人必须培养成功的气场，因为只有拥有成功气场的人才会收获成功。利用自己的成功气场，使自己的职场更加成功。那么气场到底该怎么练就呢？答案在每个人内心之中。

在推销员中，广泛流传着这样一个故事：

两个人到一个岛上去推销皮鞋。由于岛上气候炎热，岛上的人向来都是打赤脚。

第一个推销员看到岛上的人都光着脚走路，立刻失望起来："这些人都不穿鞋，怎么能买我的鞋呢？"于是了放弃了努力，失望而回。

另一个推销员看到岛上的人都打赤脚，惊喜万分："这些人都没有皮鞋穿，看来这皮鞋市场是很大的！"于是想方设法，引导岛上的人购买皮鞋，最后发了大财。

美国成功学学者拿破仑·希尔说过这样一段话：人与人之间只有很小的差异，但是这种很小的差异却造成了巨大的不同！很小的差异就是所具备的心态是积极的还是消极的，巨大的不同就是成功和失败。一个人的气场，将决定他一生命运的好坏，而气场的好坏则由一个人的心态来决定。

几十年前，美国有一位年轻的铁路邮递员，和其他邮递员一样，他也用陈旧的方法干着分发信件的工作。大部分信件都是凭这些邮递员靠不太准确的记忆来分类发送的，因此，许多信件往往会因为记忆出现差错而无谓地耽误几天甚至几个星期。突然有一天，这位年轻的邮递员开始寻找另外的办法。他发明了一种把寄往某一地点的信件统一汇集起来的制度。这位邮递员就是西奥多·韦尔。就是这一种看起来很简单的办法，成就了他一生中意义最为深远的机遇。他的图表和计划吸引了上司们的广泛注意。没多久，他就获得了升迁的机会。五年以后，他成了铁路邮政总局的副局长，不久又被提升为局长，从此踏上了成为美国电话电报公司总经理的路途。

人类若改变本身的心态就能使生活本身发生变革。一个人的成就大小，往往不会超出其信心的大小。

美国潜能成功学家安东尼·罗宾说："面对人生逆境或困境时所持的信念，远比任何事都来得重要。"如果你想让自己变得积极进取，有一种方法，那就是"假装"。当你在外表上假装拥有某种心态，你就能实现那种状态。如果你想无所不能，那就装得无所不能吧！

常有人找安东尼·罗宾，说自己不可能做成某件事。罗宾说："那就装作你能办得到。"这些人很意外，说："我不知道该如何假装。"罗宾就说："很简单，装作你知道怎么假装。你在举止上、神情上、呼吸上，都做出应该是的样子。"结果当这些人真的做出这些动作时，马上就变得自信了，觉得自己能办得到。像这样暗示自己，改变生理状态和心态的做法，往往会取得连自己都惊奇的效果，几乎屡试不爽。

一个人的气场是由其内心决定的，而不是光鲜亮丽的外表。思想决定一切，播种正面积极的思维，才会收获健康成功的人生；一种良好的心态，比一百件美丽的衣服要强。

美国生理学家摩尔根经纽约去瑞典领取诺贝尔奖，晚上在纽约的朋友家住。当朋友开门迎接大名鼎鼎的现代遗传学之父时，看到他穿着一件旧大衣，而且还不甚合身。他孤身一人，大衣一侧的口袋里用报纸裹着袜子，另一侧口袋里用报纸包着梳子、剃须刀和牙刷，那情景就像做生意亏了本要向朋友借钱。朋友惊讶得半天才说话："你就这样去领奖吗？"这反而把大科学家搞糊涂了，他打量了一下全身说："这还不够吗？"

有些人总是比其他人更容易成功，更容易拥有更多的机遇、财富、社会资源，更容易享有高品质的人生，似乎他们得到了成功的特别垂青。其实，人与人之间并没有太大的区别，决定成败的关键在于他们的气场。气场是由每个人内心衍生出来的法宝。

世界上有一个最重要的人，那个人就是"你"。你的成功、健康、幸福与财富，依靠你如何应用自己看不见的法宝。你将怎样应用它呢？这由你自己选择。

如果你想成功，想把美梦变成现实，就必须摒弃扼杀你的潜能、摧毁你希望的消极心态。一个拥有积极向上心态的人，会懂得热爱生活，不仅自己能够快乐，同时也会把快乐带给他人，因为他的心态是奋发向上、朝气蓬勃的。良好的气场会给人以动力，人的价值是由自己的气场决定的，而人的气场是由自己的心态决定的。

第三节 好口才需要气场的帮衬

说话不仅是人的一种生理功能，更反映了人的一种能力。一个人如果善于说话、口才好，就可能把自己的生活、工作安排得轻松有趣，不仅使自己快乐，也使他人快乐。具有超一流的说话水平，是一个人取得成功的关键因素之一。我们在听讲座的时候，经常会被讲述者所讲的故事所打动，仿佛走进了故事情节，或喜悦、或悲伤，我们就会说这位讲述者具有打动听众的气场。

可能有人会说："不就是说话吗？有谁不会的？"话，人人会说，但说到他人的心坎上，却并非是人人都会的。让人感动的语言会给一个人带来融洽的人际关系、良好的工作互动、顺利的合作业务，而不得体的话语则会成为一个人办事过程中的绊脚石，两者有着天壤之别。

有的人一开口总能获得社会认同、上司赏识、下属拥戴、同事喜欢、朋友帮助、恋人爱慕；有些人说话就连听众都没有，问题的关键是你的谈吐能否助你形成打动人心的气场。

曾经看见一些长得很好看、打扮得漂漂亮亮的人，但是一开口就让人厌恶不已，一听他说话就让人想找个理由逃开。有些人的话语无法打动别人，即使穿得光鲜亮丽，说得天花乱坠，也只会被人冠以“绣花枕头”的名号，千万不要做这样的人。这样的人不论是在工作还是生活中都很难得到别人的认可，因为重视的都是表面肤浅的东西，而真正打动别人的语言是发自内心的。态度如果真诚，即使几句简单的话，也能引起听众的强烈共鸣。

在美国南北战争期间，有位姑娘要去南方看亲属，她找到林肯，要求开一张去南方的通行证。

林肯说：“战争正在进行，你去南方干什么呢？”

姑娘说：“去探亲。”

林肯高兴地说：“那你一定是个北方派，你去劝说一下你的亲友们，让他们放下武器。”

姑娘说：“不！我是个南方派，我要去鼓励他们，要他们坚持到底，绝不失望。”

林肯很不高兴：“你来找我干吗？你以为我能给你通行证吗？”

姑娘认真地说：“总统先生，我在学校读书时，老师就给我们讲诚实的林肯的故事，从此，我便下定决心要学习林肯，一辈子不说谎。我不能为了一张通行证而改变自己说话做事都要诚实的做人标准。”

林肯被姑娘诚挚的话打动了：“好吧，我给你开一张。”说着，在一张卡片上写下了这样一行字：“请让这位姑娘通行，因为她是一位让人信得过的姑娘。”

这位姑娘的言语虽然简单质朴，但是真诚的气场让总统也能够感受得到。

说话如果只追求言辞华丽，缺乏真挚的感情，开出的也只能是无果之花，虽然能欺骗别人的耳朵，却永远不能打动别人的内心。真诚是发自内心、伴随一生的，拥有它，你会一生幸福。因为只有真诚才能打动所有人、摆平所有事。故事中的姑娘是真诚的，她用真诚的语言打动了林肯，最终获得了通行。因此我们说，只有具有打动听众的气场，才能获得成功。

如果你想让自己说出的话具有价值，能引起共鸣，或者能带来价值，其实套路很多，但不是通用的，关键在于话语中带有感情，而不要死板地使用什么模式。例如：当你要推销你的产品时，你怎么说才能打动你的顾客？假如只是一味地夸耀自己的产品，即使你的措辞再华丽也不会推销成功的，因为你想的只是你的产品。如果你能够帮助顾客，为他们提供有价值的信息，顾客就不会不为你的生意着想。

无论任何时候，要获得对方的认同，就要先为对方着想，关心对方的利益，这样彼此才能成为最佳的合作伙伴，获得利润上的双赢。要切记我们和别人谈话的目的是什么、我们的主题是什么，不要漫天浮夸，让人感觉不实在、不真诚。让人感动就是要感动别人的心，因此说话就要抓住人心，做好准备说出你不同寻常的第一句话。

人与人之间进行思想交流、感情沟通，最直接、最方便的途径就是语言交流。值得注意的是说话要能够深入人心、打动人心，沟通才有效果。会说打动人心的话，秘诀只有一个字，那就是“情”。有的放矢，把话说到听者的心坎上，只有当你打动人了，对方被你的气场吸引，你才能获得对方的认可。

某工厂来了位新厂长，在就职见面会上只简短地讲了几句话：“我来当厂长，打心眼儿里高兴！但厂长不好当，担子重啊！从现在起，我给大家交个底儿。我不想干两件事就‘捞一把’，非跟大伙儿一块儿干出个样来不可，好比一根绳子上拴着的俩蚂蚱，飞不了你们，也跑不了我。”

几句话平实简短，没有华丽的点缀，但让人听后却觉得心里暖暖的，霎时，他的形象也变得高大起来，整场演讲，每个人都听得聚精会神的。因为员工能从中听出真诚、看到希望。把话说到他人的心坎上，需要高超的语言技巧。要想打开交际的大门，就要学会说到对方心窝里去，让美好动听的语言走进对方的心田。

都说“话是开心锁”，那要看你怎么说，若要使人动心，就必须要先使自己动情。其实人与人之间的交往，是你对我友善，我对你也友善；如果你不友好，我尽可能友好地对待你。这就是行为是如何产生行为的。

了解这些，你就能把握你与别人的交流。在交谈中什么语调可以使人放松而不拘束，营造了这种放松不拘束的气氛，你们之间的交流就比较轻松。一个善于打动听众的人，通过出色的语言表达，可以使人产生好感，结成友谊，可以使人际矛盾化解，友好相处。而一个缺乏真诚的人，往往得不到他人的认可，从而成为孤家寡人。

我们身处竞争激烈的现代社会，说话能力显得尤为重要。真正有魅力的人，不但要有说话的艺术，还要有打动听众的气场。不仅是日常的社会交往中时刻离不开口才，在工作和事业的发展中，更少不了好口才的推动。能说会道已成为现代人必不可少的基本能力，成为成功者不可或缺的素质。只有会说话，说打动人心的话，才能使你的交往畅通无阻，使你在事业中左右逢源。

第四节　懂得打造自己的气场

事业有成、生活顺心、具有独特个性、拥有引人注目的气场……相信每个人都希望自己具有这些特质。追求这些美好愿景的人中，能全部实现的人却只有一少部分。很多人都在研究别人是怎么成功实现愿望的，眼睛一直都盯着那些成功者，而这样做缺点就是，简单地模仿别人外在形式上的东西，让自己成为一个复制品。这样的人无法领略别人成功的真谛，结果丧失了自我，常常与成功擦肩而过。其实，我们学习别人的成功，最重要的，应该学习他们是如何修炼自己的气场。我们需要学到修炼气场的方法，来打造一个属于自己的魅力气场。

有位富豪说了这么一句话："老板的血和老板的骨髓与常人的是有区别的，老板天生就是不会安分的人。"我们也可以说，老板的气场是与常人有区别的。其实，成功是一个人自我实现的过程，它更多地取决于追求者自我的个性。你的独特个性就是你的魅力所在，它让你形成与众不同的气场，并让你的潜力最大限度地发挥出来。

人人都有个性，每个人的个性都不相同。个性贯穿着人的一生，影响着人的一生。人的个性中所包含的追求、理想、信念、价值观指引着人生努力的方向和目标。如果盲目跟风、人云亦云、依葫芦画瓢，有一天就会迷失自己，因为他只看到了表面而忽视了人的个性特征中所包含的气质、性格、兴趣和能力，这些才是形成气场内在条件，是影响着和决定着人生的走向、人生的事业和人生的命运的根本因素。可见成功的过程，就是一个形成并保持自己独特气场的过程。

那么，不禁有人会问，究竟什么才是个性？举个例子：在日常的人际交往中，我们会发现，有的人行为举止、说话谈吐令人难以忘怀；而有的人则很难给别人留下什么印象。有的人见过一面之后，就会给别人留下长久的回忆；而有的人尽管朝夕相处，却从未在周围人们的心中留下可圈可点的事迹。出现这种现象的原因就是个性的气场在起作用。

所谓个性就是个别性、个人性，就是一个人在思想、性格、品质、意志、情感、态度等方面不同于其他人的特质。一般来说，鲜明的、独特的个性容易给人留下深刻的印象，而平淡的个性则很难给人留下什么印象。没有个性的人，他的气场也就没有吸引力。所以，每个追求成功的人，都必须充分了解自己的个性特点，扬长补短；同时又在追求成功的过程中不断完善健全自己的人格个性。形成独特的个性，才能打造出有魅力的气场。

今天的世界是一个开放的世界，这是一个追求独立、自由、张扬个性的时代，成功也以有主见为前提条件。

有这样一个故事：

一只小麻雀飞到森林里，看到了一只孔雀，它觉得孔雀的翅膀是如此美丽。再看看自己这么丑、这么小的翅膀，自卑感油然而生。到了晚上，小麻雀做了一个梦，在梦里变成了一只美丽的孔雀，于是兴高采烈地展现自己的翅膀，突然有一只狼迎面扑来，小麻雀努力地振翅想逃，却发现自己已经不能飞翔，吓得它惊醒过来。小麻雀心想还好这只是个梦。

又有一天，小麻雀飞到一座高山上，它看到老鹰飞得好高好高，真是威风，自己跟老鹰比起来太渺小了。不一会儿小麻雀靠着枝干睡着了，梦见自己变成了老鹰，自由翱翔，但是，它以前的好友却都离它而去，不敢再与它为伍了。它突然觉得好孤单，还是当小麻雀的日子比较快乐，醒来后它好庆幸自己还是一只小麻雀。

做一个独一无二的人：有个性，活自我，不人云亦云、随波逐流，我就是我，任何雷同都会使其中的一方失去其存在的意义，所以，可以模仿别人，但千万不要让自己成为别人。永远都要做故事结尾那只快乐的小麻雀。

没有人见过没有主见、人云亦云的人获得成功的。无论是华人巨商李嘉诚、包玉刚、邵逸夫，还是美国总统肯尼迪、汽车大王福特、石油大王洛克菲勒等，你会被他们的魅力所折服，被他们的气场所吸引，同时你绝对不会把他们混淆。因为构成一个人魅力的最核心因素往往不仅仅是天赋与才华，更重要的是一个人的性格、个性。

成功者的行为无一不确证完善人格个性与成功的直接关系。反之，这也正是许多人终其一生都与成功擦肩而过的真正原因。在这个变幻莫测的时代，个性的魅力在无形中已建立了个人的竞争优势，能给很多人以深刻的印象，那么自然与他人深度合作的可能性也增加了。

英国财政大臣杰弗里·豪在回忆英国历史上第一位女首相

撒切尔夫人时，说：“无数的日本人，包括许多妇女，被撒切尔夫人的魅力所倾倒。他们目光中流露出的好奇和钦佩之情是难以用语言描述的。”这是何等的魅力，在像英国这样社会观念极为保守的国家中，女性要成为领袖，需要更多的自信和勇气，需要付出更大的努力，重要的是撒切尔夫人一直坚持自己独特的个性，打造出了自己特有的魅力气场。

撒切尔夫人上任后首先面对的就是经济问题，面对当时英国糟糕的经济状况，撒切尔夫人决定大幅度削减公共开支。她降低了标准税率，同时大幅提高了增值税率，提高到几乎是原来的一倍。她的做法遭到财政大臣和绝大多数内阁成员的反对，甚至有人以提出辞职相要挟，有364名经济学家说这样将导致英国经济的崩溃。但是撒切尔夫人坚持认为自己的方案是符合经济规律的，一定会在不久后取得成效。

她并没有因众多反对的声音而丧失自己的气场，她说：“你知道，为了这个方案议员们会逼我下台。即使那样，我也不后悔，我知道我所做的是完全正确的。”之后英国经济连续8年不断增长的事实证明了撒切尔夫人的决定是正确的，她以自己强烈的个性和我行我素的风格，开创了英国政治历史的先河。

个性魅力是任何一个渴望成功的人必须具备的品质，也是成功必须坚持的原则。撒切尔夫人以独特的“铁女人”的个性，带领因为墨守成规而停滞不前的国家创造了辉煌。

像撒切尔夫人这样的成功者都坚持自己独特的个性，都有超凡的人格魅力。他们具有高瞻远瞩的眼光和远见、过人的胆略和魅力、常人不具备的毅力和意志、独立的经济能力、独立的人格、独立的思维等。

魅力的气场让一个人能做到更有效率发挥自己的潜力，增加自己的影响力，更容易给对方留下难以磨灭的印象。有魅力的人往往在成功的道路上畅通无阻。所以拥有独特个性的人，他们永不满足，永远在追寻新的机会，他们能使周围的人们振奋不已，他们执着于自己的目标，永不疲倦，敢于迎击大风大浪，从不推卸责任。使自己成为有魅力的人是走向成功的重要一课。

个性的魅力是从一个人的言谈举止、说话语气、态度亲疏和可靠程度等方面表现出来的。有些人尽管年纪已经很大了，但魅力仍然不减当年，因为一个人的魅力既来自外表，更来自心灵。

有位著名的企业家在大学生讲座上说道："当你到一家公司面试时，面试官会注意你的衣服、你的发型、你的鞋子、你的样貌。人们常常重视匆匆一瞥的印象，而我认为，最看重的应该是你的个性。我需要找那种无法描写的气质，能吸引人的气质。"个性让你具有与众不同的气场，可以增加个人的魅力，也可以帮助个人取得更多的机会，获得更多的人脉，增加个人的竞争力，所以可以吸引很多人。

在人群中，你的出现能够吸引大众的目光，能让大家忘记时间的流逝，这就是魅力的气场。看重自己，你就会发现，其实自己并非一无是处，保有自己的特性，做个充满自信的人！想要成为什么样的人，就试着把自己的气场打造成理想的状态。希望我们都能认清自己，拥有自己独特的、个性的魅力气场。

第五节　目标越高，越能发掘潜在气场

我们说了气场如何神奇，如何有用。但是，很多人依然会有这样的疑问：为什么我觉得自己没有气场呢？既然气场那么神奇，怎么能让自己的气场更加强大，让气场给自己带来更多的成功呢？

激发气场有一个很重要的前提，那就是，你要有明确的人生目标。很多人迷迷糊糊地过日子，不知道为什么而活，盲目地追求自己一时感兴趣的新奇事物，到最后才发现自己一事无成！他们总是听天由命，过一天是一天，从没想过自己的未来会是什么样子，自己这辈子该去做些什么，该取得哪些成就，如何计划自己的人生，等等。他们是些没有人生目标的人，浑浑噩噩，不思进取，最后也终将被生活淘汰。有远大目标的人，其生活永远是积极的，你的目标会让你有动力，而有个坚定的目标会激发你的气场。

每个人都应该有自己的目标，一个人的人生目标，就是其终生所追求的美好愿景，生活中其他的一切事情都围绕着它而存在。大部分人都是只要求有份工作，并获得一定报酬就足够了。他们因为外在环境的难以控制以及内在的彷徨迷茫，从小习惯三心二意，在人生的竞技场上不断转换跑道，到最后才发现自己浪费了不少时间！所以说，目标很重要，有了目标才不会低着头跑，而是望着自己的终点，在自己的跑道上前进！目标越高，跑的路就会越直、越快，也就越能发掘自己潜在的气场。

一个人的目标若能实现，这个人一定是个能够吃苦、勤奋的人。而这样的人的气场自然会很强大。这个世上没有懒惰的人，只有缺

乏目标的人，因为缺乏目标所以才会懒惰。无论一个人年龄有多大，他真正的人生是从设定目标开始的，以前只不过是在绕圈子而已。

远大目标是照亮人生航程的灯塔。一个人有什么样的追求，就会成就什么样的事业，创造什么样的价值。心中有个大目标，泰山压顶不动摇；心中没有大目标，一根稻草压弯腰。空洞的大道理讲得再多也没有用，必须把理想、目标、信念同自己的现实生活紧密联系起来。有了远大的目标、明确的目标，就会树立坚定的信念。只有树立了远大的目标，激发出自己的气场，才能获得成功。

雄鹰和蜗牛是大家熟知的两种动物，一个翱翔于蓝天，一个爬行于陆地，提到两种动物的共同点，恐怕能说出者寥寥无几。但是，这两种动物都是登上金字塔顶端的胜利者。雄鹰是靠自己的天赋和翅膀飞了上去；蜗牛肯定只能是爬上去。从底下爬到上面可能要一个月、两个月，甚至一年、两年。在金字塔顶端，人们确实找到了蜗牛的痕迹。蜗牛爬到金字塔顶端，它眼中所看到的世界，它获得的成就，跟雄鹰是一模一样的。

人生也是如此，成功者所选择的路径各不相同，但都有着自己远大的目标，并将其作为自己的毕生使命而不懈地追求。只有敢于制定远大目标并为之不懈努力的人，才能在工作和生活中赢得更大的发展空间，取得更大的进步。远大的目标可以激发一个人的气场，促使他具有向前的冲力，最终取得成功。

高尔基曾经说过："一个人追求的目标越高，他的才能就发展得越快，对社会就越有益。"人生的终极目标是什么？有人说，目标是对未来事物的想象或希望；也有人说，目标是对美好未来的设想。我们心中的目标，是形成自己气场的动力所在。

但是，即使多少了解目标的重要性，仍然有人不知道为什么活着？怎样活着才有意义？那些迷茫的人在找到自己的终极目标之前往往需要在不同的场合对自己重复上面的这些或类似的问题。其实，人生确立一个什么样的目标，要根据主客观条件来加以设计。每个人的条件不同，目标也不可能相同，但确定目标的方法是相同的。

远大的目标能起到激励作用。但目标定得过高，脱离了实际，就会因好高骛远而招致失败；目标定得太低，不用努力就能实现，目标也就失去意义。那么确立什么样的人生目标才是正确的呢？目标需要建立在个人的优势上、最大兴趣上、最佳特长上。这样成功的概率才会变高，在追逐目标过程中才能体会到其中的乐趣。在实现远大目标的路上困难在所难免，让人灰心的事也时常发生，有一颗恒心才有追逐的勇气。有位名人说：“确定目标，即意味着为了达到目标必然要把自己逼到艰难困苦的境地中去；不能确定目标，则意味着他是没有这种勇气的人。”

一个人在他追求既定的目标，追求朝思暮想的、能够带来幸福时刻的感情共鸣的过程中，会觉得生活中没有克服不了的障碍。

我国当代最杰出的桥梁专家茅以升 11 岁那年看到文德桥坍塌的悲惨情景，就立下了大志，要为人们造一座结实的桥。为了实现愿望，他无论走到哪里，都认真观察桥；读书读到桥，就把内容摘抄下来，看到报刊上桥的照片，他就搜集起来。

15 岁时，他就考入了专门学习造桥的学校，继而走上了成为桥梁建筑专家的道路。后来他实现了自小的理想，造了著名的钱塘江大桥。目标是与一个人的愿望相联系的，是对未来的一种设想，是形成成功气场的源泉。

一个人没有远大的理想是无法成就明天的辉煌的。每个人在内心深处都有自己的理想：有的人想当救死扶伤的医生，有的人想当伟大的科学家。理想是什么呢？理想是追求、激励我们不懈进取、斗志昂扬、奋发向上的目标。

远大的美好目标能吸引人努力为实现理想而奋斗不止，同时远大的目标也能激发一个人的气场。可以说远大的目标是一个人气场的动力源泉。远大的目标寄托着人们对未来的憧憬与希望，犹如暗夜里透过晨曦的曙光，为前进、奋斗增添无尽的力量。

第六节　成功者有成功的形气

动作会引动情绪。掌握了这一点，我们的人生就会有巨大的转变。

身体四肢的运用往往会决定我们对各种事物的不同感受。即便是脸部极其微小的表情变化，或一个不为人察觉的小动作，都可能影响到我们的感受，从而产生不同的想法和做法，最终便影响了我们的人生改变。

美国犹太裔钢琴家加里·格拉夫曼在21岁即赢得利文特利特音乐大奖。随后开始了长达30年叱咤乐坛的世界巡演之旅。1979年，他的右手受伤了，医生和音乐教授都告诉他："你不能再弹奏了。"这对正处于事业鼎盛时期的格拉夫曼来说无疑是最大的打击。他好像一夜间从顶峰跌倒了山谷，"几年时间里我不知道未来能做些什么，非常困惑。"

经过几年的修正之后，格拉夫曼以超人的毅力专攻左手演奏的作品。1985 年，他和祖宾·梅塔及纽约爱乐乐团成功演奏了北美近代协奏曲，赢得了“左右传奇”的美誉。

格拉夫曼是如何做到这一点的？让我们看一下他在 2009 年中山公园音乐堂的表现。

当晚 19 时 35 分，格拉夫曼缓缓走上舞台，鞠躬，用右手略为吃力地调整一下坐椅，左手即流畅地在琴键上跃动起来。整场音乐会，他都以一种近乎雕塑般静止的姿态端坐着，流泻的琴声时而沉静抒情，时而灵动奔放。在这场仅凭左手演奏的钢琴独奏会上，他以凝重而情感充沛的琴声征服了在场的观众。

格拉夫曼的成功，他的强大的气场，他即便是姿势随意地站在那里也能让人们感受到的极大的亲切感和满足感，与他身上所产生的“形气”有极大的关系。

形气可以调整一个人的情绪，改变他的精神气质，使他的外在表现时刻处于最佳的状态。

我们不妨做个小小的练习，看看形气对我们的情绪会有多大的影响。

请你先假装自己是个严肃且呆板的乐团指挥，手臂正一前一后地晃动着，做这个动作时要很慢很慢，千万不可有劲，同时脸部做出十分困倦的样子，这时你的情绪会是什么状态？

再换另外一种动作。现在，请你把双掌用力地合拍两下，脸上堆满极为高兴的笑容，并且大声地喊些能鼓舞士气的话，这时你的感觉是不是跟先前不一样了呢？你的情绪是不是也在跟着变化？

事实上，我们的每一种感觉或情绪都有一种固定的形气。这些形气包括姿势、呼吸、动作、面部表情等。当一个人感到沮丧时，这些形气会显得特别明显。所以，当你的情绪不佳时，如果你能快速地做出一些动作，凭借着身体的调整和声音的变化，你的感觉和情绪很快便会改变。

一旦知道什么样的情绪是什么样的形气，当你想改变某种不想要的情绪，或者当你想要向别人传达你想要传达的某种气场和情绪时，你可以立即凭借着行气的改变来达到效果。

这正是许多成功者的秘密。他们知道如何表达出成功者应有的形气。

成功者的形气有很多，比如热情、渴求、感激、和气、温柔、幽默、梦想、快活、好奇、周到、自信、敢试、突破等，那些擅长利用这些形气的人，通常能更好地获得人生的幸福和事业的成功。比如，一个喜欢在脸上绽放出笑容的人，总是能很快感觉到自己的信心。这样的人通常更加容易成功。

有句话说："当有一天回顾今天的种种，你便会觉得好笑。"如果这句话有道理，那么我们应该从今天起就开怀大笑。要学会不管在什么样的环境下都能令你处在奋起的状态下的技巧。

怎么做呢？那就是不断设想自己所要处于的状态，多练习几遍，没多久你就感觉处于那种状态。比如，如果你深吸一口气，然后抬头挺胸，脸上堆满笑容并摆出生龙活虎的架势，那么你的情绪就会变得很高昂。反之，如果你一直使自己的形气处在低落的状态，比如肩膀一直垂着，走起路来双腿仿佛有千斤之重似的，那么你就真会觉得情绪很差。

如果你真的希望改变自己的人生，不妨每天都拿出几分钟面对镜子摆出个大笑脸。这么做看上去有点可笑，但只要你勤于练习，这个动作便能和你的神经系统搭上线，进而形成一条神经渠道，使你养成习惯性的快乐。

事实上，在成功的形气里面，仅仅是笑就能给我们的人生带来很大的改变。因为笑是所有情绪中最受人欢迎的，它不仅能影响人们的生理，还能促进我们人际关系的和谐。

所以，你可以尝试着去找个笑口常开的人向他学习。你要学他的呼吸方式、学他的肢体动作、学他的面部表情和他讲话的语调。这么做一开始可能会觉得好笑，可是只要你认真做下去，便能使神经系统跟笑搭上关系，日后脸上便能很自然地不时露出笑容。

我们的潜能一直都没有消失，若是想把它挖掘出来，只要让自己处于那种释放潜能的状态即可。成功的奥秘就在于不时让自己处于“动”的状态，这可使你产生自信，而有了自信便会有各种各样的能力，得以灵活地面对各种环境。

如果你希望有一个不寻常的人生、如果你希望人生中常是春天，那么就尝试着去学习、练习成功者身上所具有的形气吧！请记住，成功者之所以成功，首先是因为他们看上去像一个成功者。

第七节　让自己表现得更有控制力

人们通常会本能地、不假思索地解读他人的身体语言。原因是人体的姿势是巨大的信息源，人们在不经意间所表现出的任何一个姿势都可能反映出此人的情绪变化和自信程度。

一个人在自信时和紧张时的站立等姿势往往判若两人。在开口说话之前，很多相关信息就已经被身体语言泄露出去了。所以，要提高自己的自信心，要给人充满自信的感觉，就必须学习强有力的姿势，让自己表现得更有控制力。

哥伦比亚大学的研究人员戴娜·卡尼认为，自信的人倾向于自我感觉良好、愿意冒险。而且，在他们体内，与人控制力相关的睾丸激素含量高，而与人压力相关的皮质醇含量低。

卡尼想要知道，如果要求一些人表现得更具控制力会发生什么。为了找到答案，卡尼和同事组织了一批实验参与者，假装请他们帮忙评估一个新的心脏监控系统，然后把所有人分成两组。

其中一组实验者被要求摆出强有力的姿势，比如坐在桌前，双腿跷起放在桌面上，挺胸抬头，双臂交错放在脑后。或者在桌子后面站着，身体前倾，双手撑在桌子上。

另一组实验者则被要求摆出两个与控制力毫无联系的姿势。比如两腿合拢坐在椅子上，双脚放在地面上，双手紧握放在膝盖上，眼睛看着地面。或者双臂、双肩交叉着站着。

两组实验参与者各摆出上述姿势一分钟后，实验人员让他们评价一下自己的“强大”、“负责”指数。结果，做出强有力姿势的人打分明显更高。

事实证明，姿势对人的自信心有非常大的影响，我们的行为能够引发不同的能量模式。

如果你想让自己表现得更加自信，就要让自己表现得更有控制力。因此，你需要对各种不同的站姿会带来什么样的气场有所了解。

（1）脊背挺直、胸部挺起、双目平视。

（2）弯腰曲背、略显佝偻状。

（3）两手叉腰而立。

（4）双腿交叉而立。

（5）将双手插入口袋而立。

（6）靠墙壁站立。

（7）背手站立。

这七种姿势几乎囊括了全世界60多亿人能够想到的所有站姿的集合。不管面对什么人，在什么场合，我们的站姿基本上都是在这里面挑选一种。让我们看一下这七种不同的姿势各代表着什么样的气场和效果。

（1）脊背挺直、胸部挺起、双目平视。

如果不是刻意地伪装，这个姿势表明一个人具有超强的自信，给人以“气宇轩昂”、“心情乐观愉快”的印象，愿意与人交流任何问题。

（2）弯腰曲背、略显佝偻状。

许多人都习惯这种姿势。实际上，这种姿势会让你表现出过强的自我防卫意识以及意志消沉的迹象。同时，它也表明你在精神上处于劣势，有惶惑不安或自我抑制的心情。当你常以这种姿势面对同事、上司、客户或家人时，你绝难找到主角的感觉，更多会是仆从者的角色。

（3）两手叉腰而立。

这个姿势表示一个人具有自信心和精神上的极大优势，显示他在任何领域都居于“一号位置”。如果一个人对面临的事物没有充分的准备，他是绝不会采用这个动作的。当然，这种姿势并不适合出现在严肃的场合，比如商务谈判现场，因为它的攻击性太强。

（4）双腿交叉而立。

人们在采取这种姿势时，多是靠在墙壁或倚在桌子上。这种姿势表示持有保留态度或轻微拒绝的意思，但也是感到拘束和缺乏自信心的表示，会让人在与你交际时感到微微不适或淡淡的冷意。

（5）将双手插入口袋而立。

这个姿势会给人不袒露心思、暗中策划和盘算的心理印象，是成熟的姿势。当然，如果同时配有弯腰曲背的姿势，那么则是心情沮丧或苦恼的反映。

（6）靠墙壁站立。

有这种习惯的人多是失意者，他们通常比较坦白，容易接纳别人。但是我们要尽量避免在交际场合采取这种姿势，因为它会让人觉得你没有实力，从而减弱对你的认可。

（7）背手而立。

这个姿势通常会让人认为你是自信力很强的人，喜欢把握局势。但是需要区别的是，如果你面对的不是自己的下属，请不要把它带入交际场合。因为在某种意义上，这个姿势也会给人官僚化的感觉。

显然，在以上七种姿势当中，给别人感觉最好的姿势，同时也最能提高自己情绪的姿势，就是第一种。因为这种姿势大方而坦然，同时又不带有迫人后退的侵略性。如果可以，我们应该在生活和工作中尽可能地使用这种站姿。因为它所表现出来的情绪是真诚而高贵的，既不会矮化自己，也不会让别人感受到你体内的锐气。

强有力的姿势能让血液中的睾丸激素水平明显提高，皮质醇水平则明显降低，从而改变我们身体中的化学成分，刺激正面积极情绪的产生。因此，我们要学会在身体姿势上让自己表现得更有控制力。

第八节　勇敢表现自己最出色的一面

有人说："人生在世，学会表现自己才能在广阔的空间里争得一席之地。"大自然的万物都在表现自己，如果小溪不表现自己，就不会有悦耳的水声；如果春笋不表现自己，就不会有浓郁的竹林……

我们知道，一匹千里马如果能遇到伯乐是十分幸运的，但"千里马常有，而伯乐不常有"，这就告诉我们应该勇敢表现自己最出色的一面。尤其是在这样一个就业形势严峻、人才竞争激烈的大环境之下，表现自己才能提升自己，才能使我们从默默无闻的"小卒"晋升为人所周知的"大腕"，才能让平淡的生活充满惊喜。

看看那些成功人士的经验，表现自己的重要性显而易见。翻开史册，战国时期的毛遂，三国时的黄忠，还有许多的改革家，这些人无不怀有远大抱负，但更让我们钦佩的是他们勇于自荐，他们充分相信自己的能力。由于自荐，他们才没有被埋没。

当今社会，善于表现不仅是自身发展的前提条件，更是让自己永远保持一种奋斗精神的需要。现在有些人不理解那些勇于自荐、善于表现的人，说那是"出风头、爱炫耀"等。事实并非如此，我们每个人都有向他人展示自己才能、学识并得到认可的欲望，只不过有的人激流勇进，有的人畏缩不前罢了。我们可以打这样一个比方，一种刚刚进入市场的产品，如果公司不对其进行适当的市场推广，这种产品就很难让消费者知道，更别说拥有广阔的市场销售空间了。推物及人，谁积极地表现自己，谁才会赢得更多发展自己的机会。如果你身怀绝技，但藏而不露，他人就无法了解，到头来你也只能空怀壮志，怀才不遇。而拥有积极表现欲的人总是不甘寂寞，喜欢在人生舞台上唱主角，寻找机会表现自己，让更多的人认识自己，让伯乐选择自己，使自己的才干得到充分发挥。从某种意义上说，积极地表现自己是推销自己的前提。

> 某知名文化公司新招聘来几位大学毕业生，其中有一个叫吴迪的男生敢想敢说，表现欲较强，事事走在前面，有出色的表现。在公司领导眼中他是个难得的人才，而且他也的确不负众望，策划了几次重大的公关活动，为新项目打开局面做出了贡献。不久他就成为公司最年轻的经理。相反，与他同来的两位毕业生，在学校时成绩很突出，但是因没有出众的表现，工作平平，始终没有大的发展。他们之间的距离就这样渐渐地拉开了。

在这里，不能不说表现欲的强弱是取得成功的一个重要制约因素。一个有才干的人能不能得到重用，很大程度上取决于他能否在适当场合展示自己的才能。

任何成功者都离不开表现自己。没有人喜欢那种软弱、优柔寡断的人，这种人总是瞻前顾后、唯唯诺诺，担心表现自己的后果。因此，他们成功的机会也就很少。但也有人提出疑问：我本身就是一个性格内向的人，不喜欢在众人面前表现自己，甚至不喜欢把自己的喜怒哀伤告诉别人，宁愿自己一个人去承受，也不愿意对人倾诉。殊不知，性格内向的人往往不善交际，很难适应环境、融入环境，显然这对个人的职业发展是有非常大的不利影响的。

> 李媛今年26岁，在一家外贸公司工作。由于父母对其管教比较严厉，致使李媛从小就孤僻内向，不爱说话，也没有什么朋友。大学四年，除了宿舍里的几个室友外，李媛和其他同学很少往来，甚至与同班的一些男生根本没说过话。工作后，李媛勤奋踏实，但仍然不善于表现自己，不能让领导看到她的能力和优势所在，因此错过了很多晋升的机会，与成功失之交臂。

人的性格是指人对待客观事物的态度以及与之相适应的习惯化行为方式，它是人的个性中最重要的心理特征，在一个人的为人处世中起着核心作用。但是人的性格是在内部环境和外部环境的相互作用中形成的，同时也可以在自身因素和外部环境的影响下发生变化。

也就是说，人的内向性格是可以通过一定的方式改变的。并不是说你一定要强迫自己去做自己不喜欢或者不擅长的事情，而是要善于发现自己的潜能，不断地突破自己，超越原来的自己。你可以尝试每个月参加一两次社交活动，在大家面前谈论自己的想法，发表自己的见解，只要和话题相关，就很容易被大家所接受和认同。另外也要学会接受自己和肯定自己，发现并发展自己的优点，待羞怯感逐渐消失，一种强有力的自信就会在心中萌生出来，有了自信，自然就会非常容易在众人面前表现出自己最出色的一面。

总之，成功与表现自己是分不开的，只有勇敢地表现出自己最出色的一面，你的能力才能越来越强，你离成功才会越来越近。表现自己会让你的人生与众不同；表现自己会让你将工作越做越好，使你不断获得升迁。

当然了，表现自己还应具备一定的实力，否则就是过分地夸大自己、张扬自己、炫耀自己，终将一事无成。

第五章

心怀感恩：提升自己的心灵品级

心灵是有品级的，心灵的品级决定了人生的境界。学会感恩，珍惜并善待身边的每一个人。感谢伤害你的人，因为他让你变得坚强；感谢欺骗你的人，因为他让你有了慧眼；感激为难你的人，因为他磨炼了你的心志；感激绊倒你的人，因为他强化了你的双腿；感激遗弃你的人，因为他教会了你独立。

这不是一种悲观，而是一种成长；这不是一种退缩，而是一种成熟；这不是一种残酷，恰恰相反，这是提升我们心灵品级的必由之路！

第一节　在人生的道路上，常怀感恩之心

“感恩”一词最初来自基督教。其本意是要信徒感谢主为了拯救世人所做出的牺牲（被钉在十字架上），感谢主的慈爱与宽容，感谢兄弟姐妹的支持与帮助等。

《牛津字典》给“感恩”的定义是：乐于把得到好处的感激呈现出来并且回馈他人。有人说所谓幸福，就是有一颗感恩的心，一个健康的身体，一份称心的工作，一个深爱你的人，一帮与你同舟共济的同事。

为什么将感恩作为构成幸福的第一要素？这主要是因为感恩能够使人们逐渐变得仁爱、宽容起来，并减少人与人之间的摩擦，化解人与人之间的矛盾，缩短人与人之间的距离，增强人与人之间的合作。

在人生的道路上，时常会遇到让人感动和铭记的事。但是在琐碎的生活中，我们常常对周围的一切不以为然，有些人把金钱和利益看得太重，而忽视了人与人之间的感情，觉得父母的细心照顾、朋友的关心帮助都是理所当然的，忙忙碌碌的生活让我们忘记了感恩，也无暇去感恩，这不能不说是一种悲哀。

在日常生活、工作和学习中所得到的点点滴滴的关心与帮助，都值得我们用心去铭记——铭记那无私的人性之美和不图回报的惠

助之恩。

无论你从事何种职业，只要你胸中常怀着一颗感恩的心，随之而来的，就必然会不断地涌动着诸如温暖、自信、坚定、善良等美好的处世品格。自然地，你的生活中便有了一处处动人的风景。

在饥荒年月，面包师为了让穷苦的孩子不挨饿，把城里最穷的几十个孩子聚集到一块儿，然后对他们说："这个篮子里的面包你们一人一个，在饥荒没有结束之前，你们每天都可以来拿一个面包。"于是，这些饥饿的孩子一拥而上，争先恐后，他们围着篮子推来挤去大声叫嚷着，谁都想拿到最大的面包。在他们每人都拿到面包后，竟然没有一个人向这位好心的面包师说声谢谢就走了。

但是有一个叫杰克的小男孩例外，他每次等别的孩子都拿到以后，才把剩在篮子里最小的一个面包拿起来，然后他毕恭毕敬地向面包师表示感谢，并亲吻了面包师的手之后才回家。

有一天，面包师又把盛面包的篮子放到孩子们面前，其他孩子依旧如昨日一样疯抢着，杰克只得到一个比头一天还小一半的面包。当他回家以后，妈妈切开面包，发现里面有许多崭新发亮的银币。

妈妈惊奇地叫道："立即把钱送回去，一定是面包师揉面的时候不小心揉进去的。赶快去，孩子，赶快去！"当杰克拿着钱回到面包师那里时，面包师慈爱地说："不，我的孩子，这没有错。是我故意把银币放进小面包里的，我要奖励你，愿你永远保持这样一颗感恩的心。回家去吧，告诉你妈妈这些钱是你的了。"杰克激动地跑回家，告诉妈妈这个令人兴奋的消息，是啊，这是他的感恩之心得到的回报。

其实，感恩并不要求回报。无力报答，或一时无机会报答，都不要紧，只要心中长存感恩、常念回报就行，因为感恩最重要的是一种心态。

感恩不仅仅是为了报恩，因为有些恩泽是我们无法回报的，有些恩情更不是等量回报就能一笔还清的，唯有用纯真的心灵去感激、去铭记，才能真正对得起给予你恩惠的人们。

有个女大学生大学毕业后，一直没找到满意的工作，一个人身处异乡，生活的不快，工作的烦恼，种种的失意，让她对世俗充满了厌倦。不久，她的隔壁新搬来一家人，一看就是穷人，一个寡妇与两个小孩子。

中秋节的晚上，这个女大学生坐在屋子里，正在为没有收到节日的祝福而忧伤时，忽然听到有人敲门。原来是隔壁邻居的小孩子，他紧张地问："姐姐，请问你有月饼吃吗？"

女大学生心想：怎么穷得连一块月饼都买不起啊。于是，她对着孩子吼了一声说："没有！"正当她准备关上门时，那个小男孩微笑着轻声说："我就知道你家一定没有！"然后，竟从怀里拿出两块月饼，说："妈妈让我带给你的。"此刻，这个女大学生热泪盈眶，将那小孩子紧紧地拥在怀里。

常怀感恩之心，便会更加感激和怀想那些有恩于自己却不言回报的每一个人。正是因为他们的存在，才有了我们今天的幸福和喜悦。常怀感恩之心，又足以稀释我们心中狭隘的积怨，感恩之心还可以帮助我们度过最大的灾难和痛苦。

感恩就像阳光一样，带给我们温暖和美丽。人应该懂得感恩，应该懂得珍惜他所得到的一切。与其追求我们幻想的东西，不如感恩我们现在所拥有的一切。感恩的心和惜福的心正是一个人快乐的源泉。

生命的整体是相互依存的，无论是大自然的赐予、父母的养育、师长的教诲、配偶的关爱，还是他人的服务，人自从有了自己的生命起，便沉浸在恩惠的海洋里。一个人真正明白了这个道理，就会感恩于大自然的福佑，感恩于父母的养育，感恩于他人的帮助，感恩于社会的繁荣，感恩于食之香甜，感恩于衣之温暖，感恩于蓝天白云的赏心悦目，感恩于苦难逆境的磨炼。学会感恩，让感恩之情来滋润我们的生命，这样，你就会在最简单的生活中找到快乐。

第二节　学会感恩，常留善念

孟子曾经说过："君子莫大乎与人为善。"心怀感恩、善待生命是人们在寻求成功的过程中应该遵守的一条基本准则。心要靠心来交换，感恩换来的永远是阳光心态。

一家四口生活在一个小村落里。

有一年，这里爆发了战争，一家人不得不走上颠沛流离的逃难之路。不幸的是，还没有来得及逃跑，丈夫已经在战火中丧命，留给他们的只有丈夫生前最珍爱的那两条金鱼。在这紧急时刻，妻子费希玛仍没忘记那两条金鱼，它们不仅寄托着已故丈夫对孩子的爱，更是两条活生生的生命啊！于是，她捧起金鱼缸缓缓走向湖边，心怀感恩，无限不舍地连鱼带缸轻轻放进湖里。

战争结束后，母子三人平安返回家乡，先前的家园已经荡然无存，留下的只是一片残砖断瓦，满目废墟。母子三人绝望地沿着先前的村落走着，忽然，眼前一片金光，仔细一瞧，竟然是一群美丽的金鱼在湖面跳跃，跟当初放生的两条金鱼长得一模一样，原来这是它们的后代。

此后，母子三人天天都来湖边喂养金鱼，平静的湖水中孕育着无限生机。周围的人得知后，纷纷前来观看，顺便买两条回家送人。于是，出售金鱼成为他们一家的致富之路，他们也因此过上了安宁富足的生活。

当年，费希玛无限怜惜地捧着两条金鱼走向湖边时，她未必知道自己将来会有什么回报。善念是一粒种子，你把它种下，它就会结出丰硕的果实。

一颗慈善、感恩的心，不仅可以制止或改变一种行为，更重要的是可以感化人的灵魂。古人云："己所不欲，勿施于人。"这是做人的起码准则。今天我们提倡"赠人玫瑰，手有余香"的助人理念，就是要做对社会有用、对他人有用的人，这样我们才会生活得更加快乐幸福。

北京一家房地产老板为了给一个生命垂危的员工治病，放弃了即将到手的巨额合同，使公司险些破产，员工们得知真相后说："为这样的老板打工，值！"于是他们纷纷回到公司，以比平时多十倍的干劲儿努力工作，最终使公司转危为安。

凭着良好的名声，以前那些与他解除合同的客户，也纷纷要求与其重新签订合同，公司的生意因此日益兴隆。这就是好人有好报的最好证明。

研究表明，人的心理活动和生理功能之间存在着密切联系。感恩、善良的心态可以使生理功能处于最佳状态，反之则会降低或破坏某种功能，引发各种疾病。美国耶鲁大学病理学家对7000多人进行跟踪调查，结果表明，凡心怀感恩、与人为善的人死亡率明显较低。

鏖战商场更需要与人为善来开道。尽管商业竞争残酷无情，但是有时也需要表现出一种真挚的温情。有的经理人会欣赏一个商业上的朋友，并真心想帮助他做一件实事，这是对以前接受他的帮助的回报。所以请你在别人遇到困境时，热情地伸出援助之手。

在职场上，尽可能地做一个与人为善的好人，这样，当你在工作上不小心出现纰漏，或当你面临加薪、升职的关键时刻，才会很大程度地减少别人放冷箭的危险。在工作中，有的人常把他人为自己办的事和自己为他人所做的事记录下来，以便有机会“扯平”，这样做其实是很不明智的。如果为别人做好事只是为了以后的偿还，那么反而会令他人觉得你帮助别人都是别有用心。

心怀感恩、与人为善并不是为了得到回报，而是为了让自己活得更快乐。与人为善其实极易做到，它并不需要你刻意做作，只要有一颗平常心就足矣。

日常工作和生活中，每个人都想丰富自己的生活，实现自己的人生价值。而这所有的一切，归根结底，都来自于你是否心怀感恩、善待他人。心怀感恩、与人为善不仅能给你带来财富，还使你拥有被他人喜爱的充实感。

心怀感恩、与人为善是做人的一种积极和有意义的行为。它可以为自己创造一个宽松和谐的人际环境，使自己有一个发展个性和创造力的自由天地，并享受到一种施惠于人的快乐，从而有助于个人的身心健康。

有机会给予别人一些东西，无论怎样微不足道，对别人来说都是慷慨的馈赠，而自己也会得到真诚的感激和酬谢，“无心插柳柳成荫”。而一味地贪图回报，则“有心栽花花不发”，收到的是无端的怀疑和必然的冷落。

第二次世界大战期间，欧洲战场异常惨烈。盟军最高统帅艾森豪威尔将军接到通知，速回总部参加紧急军事会议。

那一天，大雪纷飞，滴水成冰。当他们的车子穿过马路时，艾森豪威尔看到一对法国老夫妇坐在马路旁边，冻得瑟瑟发抖。他准备下车把他们送回家，他的随从劝阻道：“我们得按时赶到总部开会，这种事还是交给当地的警方处理吧！”

艾森豪威尔没有听随从的话，因为这样的天气，两个老人过不了多久就会被冻死的。于是，他坚决把这对老夫妇请上车，特地绕道将这对老夫妇送到家，然后，才火速赶回去参加紧急军事会议。

真是善有善报，没想到艾森豪威尔的这一善举，受到上天的格外眷顾。原来，那天，几个德国纳粹狙击手正虎视眈眈地埋伏在艾森豪威尔原来必须经过的那条路上。当时如果不是因为行善而改变了行车路线，艾森豪威尔恐怕早已成为纳粹狙击手枪下的亡灵了。

善心如水，助人的行动比祈祷的双唇更神圣。

离市区最远的琳门山一向以贫穷偏僻而著称，近年来随着旅游热，竟有来自远方的大小车辆不断光顾。

琳门山下住着一位心地善良的老人。老人有一口井，据说打到了泉眼上，因而不仅水量充裕，而且特别清澈、甘甜，冬天还可以洗脚治脚病。于是，不仅山下的村里人前来担水，就连那些前来旅游的人们也都拥到老人的井旁，痛快地喝着井水。有不少旅游的人临走时用大壶小桶装得满满的，有的说带回去给家里人尝尝，有的说回去试试是否能治好自己的脚病。

老人没想到自己的一口井竟得到那么多见过大世面的城里人的赞美，心里美滋滋的，嘴里不断地说着："这里也没啥稀罕东西，好喝，就多喝点儿。这井水喝不坏肚子，愿意喝，管够你们。"

看到老人如此慷慨，很多游客就把身上带的好吃的、好喝的，争着、抢着往老人手里塞，说让老人品尝他没吃过的高级营养品。老人推让不掉，急忙把自己家的土特产往游客们口袋里塞。

山下的人劝老人卖水挣钱，老人回答说："能让人们喝到甜水是我最大的心愿。"原来，老人在20世纪60年代是乡里修水库的人。一辈子修渠挖水的他最大的心愿就是给山下的村里人打一口甜水井，让他们不再为吃水发愁。

有一次，旅游的人中有一位省扶贫办主任。当他喝了老人的水，了解到老人的经历和心愿后，被深深感动了。回去后，他便到市里调查。后来，那位扶贫办主任又把打井的款项批下来。一年后，村里人都喝上了清凉的甜水。老人高兴地逢人就说实现了自己一辈子的愿望，这比什么都让他高兴。

当人的心灵被爱浇灌后，它所飘逸出来的只会是人性的芬芳。善心如水，多给他人一些滋润，自己也必将得到爱的滋润。

第三节　带着感恩的心去工作

在职场中，当你以一种感恩的心态去工作时，你会工作得更愉快，更有效率！感恩如同阳光一样，能够给我们带来温暖。不管我们从事什么工作，不管我们是社会哪个阶层的人，不管我们是贫穷还是富有，只要长存一颗感恩之心，我们就会拥有一切美好的处世品格。自然而然地，我们的生活中便会出现一处又一处动人的风景。

爱默生说人生最美丽的补偿之一，就是人们在真诚地帮助别人之后，也帮助了自己。所以，我们应该伸出自己的手去帮助别人，而不是伸出脚去试图绊倒他们。职场中也是如此，当你以一种感恩的心态去工作时，你会工作得更愉快、更有效率！

苏鹊是某知名广告公司的一名设计师，有一次被公司总部安排前往德国工作。与国内轻松、自由的工作氛围相比，德国的工作环境显得紧张、严肃并有紧迫感，这让苏鹊很不适应。

苏鹊向上司抱怨："这边简直糟透了，我就像一条放在死海里的鱼，连呼吸都很困难。"上司是一位在德国工作多年的中国人，苏鹊的心情，他完全能够理解。

"我教你一个简单的方法，每天至少说 20 遍'我很感激'或者'谢谢你'，记住，要面带微笑，要发自内心。"

苏鹊抱着试试看的态度，一开始觉得很别扭。可是几天下来，苏鹊觉得周围的同事似乎友善了许多，而且自己在说“谢谢你”的时候也越来越自然，因为感激已经像种子一样在他心里悄悄发芽生根。

渐渐地，苏鹊发现周围的环境并不像自己想象中的那样糟糕。

到后来，苏鹊发现在德国工作是一件既能磨炼人又让人感到愉快的事情，是感恩的态度改变了这一切！

感恩是一种积极的心态，当你微笑而真诚地说出“谢谢你”、“我很感激”这些话之后，你就已经在自己和别人的心里种下了感恩的种子，这是比任何物质奖励都宝贵的礼物！

感恩会让我们更加具有敬业精神。带着感恩的心去工作，你就会懂得，工作不光是我们谋生的手段，更是我们成长和实现自我价值的一个平台。没有了这个平台，我们的能力就无从体现，因此我们也会更加努力地去工作。

感恩会让员工和老板之间的关系变得真诚。员工真诚地感恩于公司的培养，老板真诚地感恩于员工的付出，员工与老板之间的配合就会默契，一种雇用与被雇用的关系就会变成朋友之间真诚的合作关系。

感恩会让我们拥有良好的人际关系。一个一辈子不犯错误的员工不是好员工，一个第二次犯同样错误的员工仍然可能是个好员工。感恩会让我们变得宽容，与同事和谐相处。所以，感恩会让我们拥有良好的人际关系。

感恩是一种处世哲学，是生活中的大智慧。无论是在生活中，还是在职场中，我们都应该时刻怀抱一颗感恩的心，这是一种向上的力量，会使我们一步步地走向卓越和成功。而且我们不应该只对给过我们关心、帮助和掌声的人怀抱感恩之心，对那些伤害过我们的人，我们也应该学会感恩，正是由于他们的存在，才让我们对这个世界有了一个更深刻的认识，我们不仅要学会用一颗感恩的心去体味真情，更要学会用一颗感恩的心去驱逐伤害。

第四节 感恩父母，感恩亲情

天下做儿女的，可以忘记周遭的一切，却永远不能忽略了亲情。感恩父母，感恩亲情，父母亲情是永恒不变的人间至爱。

有这样一个故事：

从前，有个年轻人由于迷上了求仙拜佛，不听母亲的苦苦劝解，想放下农事四处游走。

有一年，这个年轻人听说远方的山上有位得道的高僧，便想去那里讨教成佛之道，趁母亲走亲戚的时候，他偷偷从家里出走了。

他一路上跋山涉水，历尽艰辛，终于在山上找到了那位高僧。

当他向高僧问佛法时，高僧开口道："你家里还有什么人？你想成什么样的道，成为什么样的佛？"

年轻人回答："能像您这样即可，再不用整天听我母亲的唠叨了。"接着，年轻人便说出了自己的想法。

高僧听后说："原来如此，我可以给你指条得道成佛的路。

不用每天在这里吃斋念佛，吃过饭后，你即刻下山，一路到家，但凡遇有赤脚为你开门的人，这人就是你要找的佛。你只要悉心侍奉，拜他为师，成佛必定不难”年轻人听后大喜，遂辞别高僧，欣然下山。

一连几天，他一路走来，投宿了好几家都没有遇到高僧所说的赤脚开门人。他开始对高僧的话产生了怀疑。

午夜时分，快到自己家时，他彻底失望了，犹豫地站在门外，不知该不该回这个家。忽然疲惫至极的他无意中碰响了门环，屋内立刻传来母亲苍老惊悸的声音：“谁呀?”“我，你儿子。”他沮丧地答道。

很快地，一脸憔悴的母亲大声叫着他的名字打开门。在昏暗的灯光下，母亲流着泪端详他。这时，他一低头，蓦地发现母亲竟赤着脚站在冰凉的地上！

刹那间，他想起高僧的话，突然什么都明白了。年轻人泪流满面，“扑通”一声跪倒在母亲面前。

生活中，不管是失意，还是绝望的时候，都不要忘记身边有父母的关爱。尽管他们不能点拨你什么，但他们慈爱的目光是可以停泊的港湾，更是力量，是希望。

父母对子女的爱有多种方式，无论哪一种都是为了鼓舞子女去行那风雨长路，勇敢地去走那山一重、水一重。

在1997年、1999年两次入选湖北省“跨世纪人才”的顾豪爽，就是被父母“骂”出来的教授。

顾豪爽出身于农民家庭，从小父母就对他非常关爱，对他的学习也很重视。考高中时，榜上有名的他却怎么也高兴不起来。因为母亲长年卧病在床，家中 4 个弟弟妹妹也要读书，只靠父亲一个人劳动挣工分实在难以维持。作为长子的他想分担父亲肩头的重担，于是，他找到父亲，说想辍学帮助家里干农活。

谁知父亲听后大骂："你这个不争气的东西！爹妈累死累活图个啥？不就为了让你们活得有出息吗？都像我们这样一个字不识，子子孙孙怎么成才？家里的事你不用管，快滚到学校去报名。"

母亲也说："学习上，我和你父亲帮不了你，但我们就是船，再苦再累也要把你们兄妹几个渡到河对岸。"顾豪爽没想到自己弃学会惹得父亲大发脾气，看到父母为自己上学付出如此大的代价，他觉得如果不好好学习就太对不起父母了。高中期间，顾豪爽埋头苦学，每年成绩总是名列前茅。

全国恢复高考后，顾豪爽由于书本丢得时间太长，落榜了。

1978 年 8 月，顾豪爽第二次参加高考，最终被武汉师范学院物理系录取了。这时，他已在队里跑船，减轻了家里许多负担。他想父亲日渐年迈，弟妹还未长大，我这一走，家里怎么办？

看到他犹豫不决，父母亲又像以前上高中时一样，把顾豪爽"骂"出了门。

父亲说："我不指望你挣工分养活家里，我千辛万苦就是为了培养有出息的孩子。你这样丢西瓜捡芝麻配当顶天立地的男子汉吗？"母亲也说："我生下你们就会想办法养活你们，你只管放心读书，不准逃学！"父母的一番话说得顾豪爽哑口无言。

在大学里，顾豪爽十分珍惜这来之不易的学习机会。生活虽然清苦，但他学习成绩却是名列前茅。1982 年，顾豪爽留校任教；1985 年，他又考取研究生；1993 年，他考入华中理工大学攻读博士学位，后来他成为湖北大学物理与电子技术学院院长、教授。

顾豪爽的父母含辛茹苦，以他们独特的爱为儿子开辟了成才的道路。顾豪爽日后提起父母苦撑苦熬支持他读书的事情时总会激动得落泪，他说："父母是最可敬的佛。在我的一生中，是父母对我的支持、关爱伴随着我走向成功，我将永世不忘他们的恩德。"

百善孝为先。乌鸦反哺，驼羔跪乳，世间最美的图景莫过于此。山悠悠，水悠悠，纵是儿女远隔万水千山，父母最牵挂和关心的都是子女。把父母当成我们心中最可敬重的佛，我们才能心怀感恩，及时尽孝；心静神宁，宽以处世；心无旁骛，专注前行，做一个令父母欣慰开颜的自己！

施恩布善最基本的准则就是要善待自己的父母，孝敬自己的双亲，虽然父母不图回报，但那种伟大的爱是我们今生今世难以报答的。

琳上中学的时候，父亲去世了。她怕母亲承受不了重大的打击，每天放学后都会把同学领回家做作业，让家中热闹一些，让母亲不再生活在伤悲的气氛中。母亲在她的眼光里读出了关切，每天上学时总是慈祥地摸摸她的头，让她好好学习，不用为自己担心。

有一次，她放学回家听到屋里有母亲的笑声，这久违的笑是妈妈自父亲走后半年也没有过的。她推开房门，发现家属院的医生王叔叔正帮母亲换煤气罐。这时，琳看见母亲的脸上闪烁着动人的美丽。

不知道为什么，她不愿母亲的美丽在不是父亲的男人面前流露，更不愿母亲把爱分给别人。她的脸马上沉了下来，故意大声说话打断母亲的笑声，后来，又翻箱倒柜地折腾，为的是将王叔叔赶走。

那时，她开始担心，担心母亲会为她领一个继父回家，她不想要继父。她认为，母亲只爱她一个人是应该的，有她全部的爱对母亲来说也就足够了。

后来，每当王叔叔来时，她总是冷着脸，把电视音量开到最大，并用力地摔门，想方设法表示自己的反感。这样不算，她还从老家搬来奶奶当救兵。

奶奶直接反对母亲与王叔叔交往，并提出如果母亲改嫁，就把孙女带回老家。

母亲流泪了，她怎么舍得她生养的女儿离开她，从此家中再也没有出现过王叔叔的身影。琳暗自庆幸终于取得了胜利。

她日甚一日地美丽起来，而母亲却不可避免地衰老下去。

琳大学毕业后有了自己的家庭。远在外地军营的丈夫回不来，双胞胎的儿女都是母亲帮她带大。不知不觉，岁月流逝，当爱人转业回来，她享受着一家人的欢乐时，却发现已经驼背的母亲在自己的房间里显得那么孤独。她想，这辈子一定要好好报答母亲。

琳的儿女长大去外地读大学了，她自己也到离家很近的单位上班，母亲再不用起早做饭了。琳一心想让母亲安度晚年，星期天便和丈夫陪母亲去旅游，让她散心。在旅游中，母亲竟见到了已搬离小区，由儿子陪伴的王叔叔。他早已头发花白，但母亲的眼里却有一种幸福的感觉，那是琳这么多年从来没见过的。

忽然，她意识到这么多年自己是多么残酷地剥夺着母亲的青春和美丽，剥夺着母亲爱与被爱的权力。

旅游回来后，她一夜未眠。第二天，她坐上公交车，从城东赶到城西，主动找到还是单身的王叔叔，向他认错，并为母亲牵线搭桥。终于，母亲有了自己的感情依靠，有了个温暖的家。琳也悔恨自己为什么直到为人母时才能真正理解母亲。

一片孝心动天下！天下做儿女的，趁父母健在，善待他们吧，不仅是在物质上，更要在精神和情感上关心他们。在父母能够言爱的时候，一定不要阻止他们的情感，在他们能够享乐的光阴中为他们储藏欢乐与美好，让他们的心灵有一个可以寄托的家园，让操劳一生的父母幸福地安度晚年。这样，善良的初衷才能变为恰当的孝道。

第五节　广施善缘，为别人点一盏明灯

黑暗中，为他人照亮道路并不是一件容易的事，有时需要自己付出很大的代价。但人人都学会为别人点一盏灯，许多人在一起就会有无数光芒。我们的路才会越走越宽，越走越平坦。

有一个人手提灯笼走在夜晚漆黑的街道上，天上没有月亮。突然，他迎面遇到了一个朋友，这个朋友马上就认出了

他——盲人古诺。于是朋友对他说："古诺，你的眼睛又看不见东西，为什么提着灯笼走路呀？"盲人回答说："我知道这里的夜路很黑，我打着灯笼不仅是为了让其他人能看清他们要走的路，也不至于撞到我呀。"

光明对于盲人而言无疑是重要的，但他提着灯笼不只是为了给自己照路，却是将光明带给别人。如果所有的人都点亮一盏灯，在为自己照明的同时也让其他人看见光明，那么整个世界将充满温暖和友善。

洛杉矶加州大学篮球队的著名教练约翰·伍登告诉自己的队员，在每次他们得分后，都要向传球给他们的队友示以微笑或点头，以此感谢队友的关爱。

有一个队员就问伍登："要是对方没有望过来该怎么办呢？"伍登说："别担心，我已告诉所有队员这么做了。为别人献一点爱心，我们的胜利才会多于失败。如果你传给对方球后，我保证他会向你微笑或点头。"

学会感恩就是给别人点一盏灯，它不但会给对方带来温暖的慰藉，也会鼓励对方更加支持自己走向成功。

有一位师范学校毕业的学生分配到山村教学。他来到这个山村的第四个年头，忽然有一天山洪暴发，冲毁了原来曲曲折折的山路。他急得不得了，因为刚结婚不到一个月，如今交通一断，新婚的妻子和年迈的父母不知会怎样为他担心。

正当他急得团团转的时候，房门被推开了。院子里站了十几位学生家长和十几位学生，每个人手里都提着一盏灯笼。为首的那个人说："老师，我们送你回家。我们知道山上还有另一条路可走。"他喜出望外，跟在那些人后面走出房门。

天很快就黑下来了，在灯光下，他发现满是荆棘，其实根本就没有路。他疑惑地问他前面的一个人。那人告诉他，等他们走一个来回，没有路的地方也就有了路。就在他正要详细问时，那人一不小心跌落山崖，他顺手接住了那人手里的灯笼，大喊大叫着要去救他，被众人拉住。

最后，当他们走出山外时，他没有回家又返了回来。因为他终于明白了每一次山洪暴发冲坏山民们的路后，按照村里的规定，村中人必须轮流去踩路。虽然踩路的人中很可能会有去无回，但所有的人没有一个推脱，因为他们用生命为别人踩出了一条路。

若干年后，当他的学生陆续考上大学时，当村中每一个人都恭敬地称他为老师时，他总是送给每个学生一盏灯笼，说："不要忘记每一个踩路人，没有他们，就不会有我们的今天。愿你们也做踩路人吧，走出大山，走向大山外面的世界。"

点灯是为了看路，灯照亮了黑暗，同时也照亮了人心。人间有爱是一种温暖，当我们每个人都懂得为别人点一盏灯，那么，这个世界必如天堂一般光明。

第六节　心怀感恩，帮人就是帮自己

一天深夜，一对年迈的夫妻走进一家旅馆投宿，但是旅馆已经客满，没有空房剩下。看着老人疲惫的神情，旅馆的接待员说："让我来想想办法！"

接着，好心的接待员将这对老人引到一个房间，说："也许它不是最好的，但现在我只能做到这样了。"老人见眼前是一间整齐又干净的屋子，就愉快地住了下来。

第二天，当他们到前台结账时，接待员却对他们说："不用了，因为我只不过是把自己的屋子借给你们住了一晚。祝你们旅途愉快！"原来，接待员自己一晚没睡，在前台坐了一个通宵。两位老人十分感动，说："孩子，你是我见过的最好的旅店经营人。"接待员笑了笑，说这不算什么，他送老人出门，转身接着忙自己的工作，把这件事情忘了个一干二净。

没想到有一天，接待员收到一封信，里面是一张赴纽约的单程机票并附有简短留言，聘请他去做另一份工作。他乘飞机来到纽约，按信中所标明的路线来到一个地方，抬眼一看，一座金碧辉煌的大酒店耸立在他的眼前。

原来，那个深夜他接待的是一个有着亿万资产的富翁和他的妻子。富翁为这个接待员买下这座酒店，深信他一定会管理好它。

这就是全球赫赫有名的希尔顿酒店首任经理的传奇故事。

人生其实是很公平的，你付出什么，也会得到什么。你帮助别人，同样也会得到别人的支持与帮助。世上很多事看似没有关系，其实都是互相关联的。当你不懂得帮助别人，自以为单枪匹马也可以成就一番事业时，很可能你已经失去了成功的机遇。

有一位小伙子出差北方时带回一些玉米良种，但他摸不透这种子是否真的能高产，便在自家的责任田里试种了一块地。结果到收获时，这块地里玉米的产量比往年翻了一番，小伙子高兴极了。

村民们都知道了这事，纷纷来到小伙子的家，要求购买他的良种玉米。可无论怎么跟他说，小伙子就是不答应出售这玉米种子。村民们见小伙子执意不肯，只好作罢。

第二年春天，小伙子将自家的责任田全都种上了这些玉米良种，等待着一个丰收季节的到来。谁曾想事与愿违，这一年他家的玉米不但没有丰收，而且比过去普通玉米种子的产量还要低。小伙子百思不得其解，甚至怀疑是村民们没有得到玉米良种，暗中把他家的玉米动了手脚。

乡里的一个农技员听说了此事，就去实地看了看，然后对小伙子说："这是良种玉米接受了附近普通玉米的花粉所致，假如大家都种上了良种玉米，你的玉米也不会受到影响，长势还能更好。"

中国有句俗话叫"吃亏是福"。其实，主动地去帮助别人并不见得就会吃亏。大多数时候，我们不过是多花了一点时间，多付出了一点经历，而并没有真正物质上的损失。虽然说主动去帮助别人并不总能得到回报，甚至有时还会得到不好的结果，但我们并不能因此而拒绝去帮助别人。毕竟，真正的帮助并不以追求回报为目的。

无论我们对别人的帮助有没有回报，有一点是可以肯定的，这就是习惯于帮助别人的人总能有机会得到别人的回报。而那些从来不帮助别人，或者说带有明确的功利目的去帮助别人的人，基本上是得不到回报的。

100 多年前的一个下午，在英国一个乡村的田野里，一位贫苦的乡下人正在田里耕作，忽然听见河边传来救命的呼叫声。他奔向河边，从河里救起一位险些丧命的少年。事后知道那是位贵族世家的儿子。几天后贵族登门道谢，问乡下人有什么需要。乡下人觉得救人是天经地义的事，根本不需要什么报答。在贵族的坚持下，乡下人的儿子被带到了伦敦去读书。后来，这个乡下人的儿子从伦敦圣玛丽医学院毕业了——他就是青霉素的发明人、1945 年诺贝尔医学奖获得者亚历山大·弗莱明。

故事并没有到此结束，在第二次世界大战期间，那位帮助弗莱明完成学业的贵族的儿子，在伦敦患了严重的肺炎，正是用青霉素才治好了他的病，挽救了他的生命。这个人，就是当时英国的首相丘吉尔。

当你帮助一个人的时候，你永远都不会知道自己会得到什么样的回报。但当你拒绝伸出援助之手的时候，你却一定不会得到任何的回报，甚至，你还会因此而受到惩罚。

一头驴子和一匹马各自背着一大包盐，沿着山路走去。太阳像一个火球，那头可怜的驴子背着盐包，整整走了一天，累得很。它对马说："我想把背上的盐分一些给你背，我实在走不动了，恐怕就要倒下来了。帮帮我的忙吧。"

"我不愿意。"马摇摇头回答，"我们的主人很明白，你我各有多少重量好背。"

那头可怜的驴子不再说什么，咬着牙继续走下去。可它还没有走到那座小山的顶上，就倒在地上死了。主人走上前去，把那个大盐包从它的背上卸下来，全都放在了马背上。

现在马背着两个大盐包，艰难地赶着没有走完的路程，它一步比一步吃力，后背好像要折断一般。它边走边想：刚才还不如帮助一下自己的好朋友驴子呢！

如果那匹马帮助一下驴子，那可怜的驴子也许就不会死，马也就不用去背负双份的重量。同样，如果没有弗莱明父亲的善举，弗莱明就没有求学的机会。而那位贵族如果不知恩图报，他的儿子许多年后也许会死于肺炎。

一个人，如果心里想的只有自己，那么，他的世界也会变得越来越小。只有把整个世界装在心中的人，才会真正拥有这个世界。想要被爱，首先要去爱别人。

也许这个世界上并没有因果报应，但我们确信，有时候，帮人的确就是在帮自己。我们在人生的旅途中肯定会遇到许许多多的困难。但不是所有的人都知道，在前进的道路上，搬开别人脚下的绊脚石，有时恰恰是在为自己铺路。

第六章

黄金人脉：给自己搭起一架登云梯

在好莱坞，流行这样一句话："一个人能否成功，不在于你知道什么，而是在于你认识谁。"想想世界上那些成功人士，他们哪个不是人脉广呢？不光是成功人士需要人脉，对每个人来说人脉都是不可或缺的。

第一节　临渊羡鱼，不如创造人脉

众所周知，要想成功必须具备两个条件，一是专业上的竞争力，另一个是人脉竞争力，而你所取得的成就是一个两者相乘的关系。因此，我们往往会看到一个人专业上无敌，但不善于与人交际，结果做着与自己能力不相称的工作；若有人脉相助的话，这个人的竞争力将是不可限量的。

出生于非富即贵的家庭中是可遇而不可求的，大多数人都生于平凡，没有办法在站上起跑线的时候便能结识显贵、富豪，有的甚至极少能遇到与自己志趣相投、对自己未来事业有助益的朋友。那么怎么办呢？很多人就陷于整日的抱怨之中，为自己的不成功找一个借口。其实，无论你如何发泄都无法改变这个生而不平等的事实，但依然有机会让你扭转命运，就是创造你的人脉网络。

哈佛大学曾对贝尔实验室顶尖研究员做了调查，来确认人脉网络在一个人的成就中的重要性。调查发现，被大家认同的杰出人才，重点不在专业能力上，而是那些杰出人才会采用不同的人际策略。这些人会多花时间与那些在关键时刻可能帮助自己的人培养良好的关系，在面临问题或危机时便更容易化险为夷。

潘基文自小受着良好的教育，但在他20岁时家道中落，需要他挣钱补贴家用。这时他遇到了人生第一次重要选择，是去美国还是去印度做外交官？潘基文自然是心里向往美国那个世界的中心，能去见见世面也好，但考虑到消费水平高，很难攒下钱来，只好选择了发展中的印度。

潘基文到任后，并未因为印度不是心中所想的地方而失意，而是认真投入到了工作之中，很快便以自己的才气引起了韩国驻印度总领事卢信永的注意。卢信永发现这个小伙子谈吐不俗，心思缜密，办事沉稳，很多棘手的问题到了他手里都会迎刃而解。

潘基文也愿意向这个有极其丰富外交经验的领导取经，他也意识到卢信永将会对自己的外交生涯产生重大的影响，于是更加卖力气地四处奔波，把领事馆的各项事务打理得井井有条。后来，卢信永担任了韩国国务总理，他首先想到的是十几年前在印度一起共事过的那个小伙子，立即把他推荐到了总理府工作，后来更破格提拔他担任了总理礼宾秘书、理事官。潘基文的职务像坐了直升机一样，他最后如愿当上了联合国秘书长。

潘基文是有才华的，但如果没有卢信永这个伯乐，很可能就会被埋没。但我们也可以看到，潘基文受到重用的过程不是被动地等待着被发现，而是靠自己的实力积极主动地去争取，创造出自己的人脉。

很多人都会有一个不服气的看法，就是一旦有人给我机会，我一定能大显身手，甚至做得更好。但遗憾的是，你就是得不到给你做出业绩的机会，可以说在起跑线上就输了。有些人虽然本事一般，但因为一次机会，便开始了自己事业接二连三的连锁反应，虽然比自己有才华、有潜力的人比比皆是，但就是能够在众人羡慕、嫉妒的目光下节节高升。道理很简单，就是有些人总是把时间用在苦练内功上，却不考虑“构筑人脉的方法”。机遇早晚会落到自己头上的想法，可能是由于中国传统思维认为低调、谦虚、被人发现得来的荣誉更尊贵，但这种谦虚在当今社会显然已经不适用了。

自然，每个人都或多或少地拥有自己的人脉，也有累积自己人脉的特有方式。总的来说，构筑人脉需要有一些基本的素养，比如自信、微笑等，这些在本书的很多章节都有详细的解读。其中积极主动是比较重要的，要想多多地创造人脉，就要多多地结识人。

在数学上有一个“大数法则”，讲的是假设你有一枚硬币，其正面代表你能够成为朋友，反面代表不能。当你随意投掷两次时，可能巧合占了很大比重，而当你投一百次以上时，成为朋友与不能成为朋友的概率接近50%，也就是说你结识的人越多，也将会有越多的人成为你的朋友，这个给予我们一个重要的人际交往启示是：一定要广结人缘。

与其临渊羡鱼，不如从现在开始就去加强主动与人沟通的自信和愿望，如果总是怕被拒绝，而不愿意主动走出去与人交往，就根本谈不上什么构筑人脉了。

第二节　欲取先予，先满足别人的期待

一旦我们得到一个施展抱负的机会，先要考虑做出对方想要的东西，达到他认可的价值标准，然后才是实现自己的愿望。要想得到自己要做的工作，那么首先做好别人需要你做的，在这个基础上

逐渐让工作靠近自己想要的。

打个比方说，如果一个导演得到一次拍摄电影的机会，那他首先考虑的不应该是自己喜欢的艺术片，而应该先考虑满足制片人、投资方对商业票房收入的期待。只有这样，你才能让自己有机会通过这个项目达到自己拓展人脉、身价得到提升的目的，从而再有机会去实现个人的理想。

美国石油大王洛克菲勒在刚起步的时候，无论是财力、物力还是人力，都比不上其他石油大亨。但洛克菲勒不是小富即安的类型，他的目标可是垄断石油的销售，但是凭自己现在的实力，拿什么和别人争呢？洛克菲勒的同伙人佛拉格勒非常有心机，他建议："那些石油大亨在需要铁路运输石油的时候才和他们联系，不用的时候就置之不理，这种不固定的方式经常搞得铁路局没生意做。如果我们能暗地和铁路局签个长期合约，给他们个铁饭碗，他们自然就会支持我们，我们会省下一大笔运输费。"

这招的确很妙，洛克菲勒一个公司打不过那些石油大亨，但联合起石油的主要运输工具铁路可就不一样了。洛克菲勒迅速和铁路霸主之一的凡德华签订合约：洛克菲勒以每天订 60 辆车的条件换取每桶石油让 7 分的利润。低廉的运费带来了销售价的下降，进而使销路得到迅速拓宽发展。从这以后，洛克菲勒就发达了，便宜的铁路把他的石油带到四面八方，他的经营面迅速扩展，而且运费成本的下降直接导致石油卖价便宜起来。洛克菲勒终于快速地实现了小鱼吃大鱼、慢鱼吃快鱼，垄断石油经济的梦想。

商业活动的基础就是双赢，即要想得什么先要付出一些。洛克菲勒为了在其他石油大亨的挤压下发展壮大并取得一席之地，率先与铁路局签订合同，合作的基础就是先满足合作伙伴的利益和需求，然后再得到自己每桶7分钱的让利。

在人脉竞争的道路上，一定要保持欲取先予的心态。就算付出未必有回报，付出也是必要的。而且不要抱怨那些付出，因为你的抱怨只会适得其反，给对方留下一种目光短浅的印象，因为能给你机会去表现个人的能力就是非常重要的部分，而你到底能否收获，则看你的能力够不够，是否令对方感到满意。

正因为很多人在做事时总是在东挑西挑，总是想这不是我想做的工作，所以往往会采取消极的态度，这十分不可取。因为要是你不努力的话，效果也不会好，别人就很难相信你的能力，也不会再给你机会去做你想要做的。尤其是年轻的时候，更不要抱怨自己做的并非是自己喜欢的职业，而是先努力地回报对方的期待值。也许当你真正付出了辛勤的努力，并从中结出了丰硕果实的时候，你会爱上现在的工作也说不定，但如果你放弃了就一无所获。

小门是一个喜欢文学的青年，他下决心要成为一名出色的纯文学小说家。小门写出了几部长篇小说投给了几家出版社都石沉大海，而他自己要出版又没有钱，于是只好放弃了靠写纯文学作品吃饭的梦想，去给市面上的一些杂志写爱情故事。不料很快就成了当时很红的写手之一，有很多人都非常喜欢他写的爱情故事，也得到了出版商的注意。终于在三年之后，小门出版了自己的第一本长篇小说，曲折地完成了自己由商业向纯文学的过渡。

如果小门固执地去写纯文学，在这个商业社会里可能很难获得成功，甚至落得非常悲惨的境地。还好他很快扭转了自己的心思，去写商业化的作品了。在这个过程中，得到了别人的认同，出版商主动来找他签约，身价肯定比他自己之前出版作品要高得多。所以，这个故事告诉我们，要成功就不要固执于自己想做的事，而是把自己能做的做好，很可能这个过程中就孕育着你实现理想的契机。

欲取先予是获得商业人脉、快速找到提升机会的不二选择。通过一点一滴的业绩积累，逐步扩大你的权利范围，采取“曲线救国”的方式，很可能总是不能得到直接实现的机会，但会在未来的某个时刻令你“得来全不费工夫”。

老板激发员工成就感的一个有效策略，就是充分尊重员工的自主性。研究表明，成就需要是基于内在心理体验的一种需要。其满足来源于人们对所取得的工作绩效的一种内在心理体验。这种体验包括两种：一种是对工作成果中凝结的个人贡献的体验，另一种是将个人贡献与他人比较获得的优势体验。

通常来说，一个人获得的自主性越大，个人在团队中的地位越高就越能体验到成就感。这就要求领导者在管理团队的时候，一定要给予属下充分的自主性。管理者能放的权力，一定要放，让员工发挥最大自由完成工作任务。这样，当他们完成任务的时候，就有最大强度的实现自我价值的感觉。

实际上，很多管理者并不明白这个道理。他们在带团队的时候，常常这也管那也管，事无巨细，吹毛求疵。这样就导致员工的自主性没地方发挥，他们被老板束缚住了。在这样公司工作的员工通常是感觉不到多少成就感的，所以他们的工作积极性也很差，他们中的大部分人基本上都是一种当一天和尚撞一天钟的工作状态。这样的团队显然是没有战斗力的，当然也不会获得持久的发展。相反，在一些著名的公司里，精明的老板总是给员工最大的工作空间，让他们体验主人翁的感觉，而自己只负责鼓励和帮助员工。

微软公司是一家没有官僚作风的公司。公司的领导者比尔·盖茨充分尊重员工，放权给每一个人主导自己的工作。微软的员工处处都能体会到一种人人平等的感觉，比如，微软没有“打卡”的制度，每个人上下班的时间基本上由自己决定。在这家公司里，资深人员基本上没有“特权”，依然要自己回电子邮件，自己倒咖啡，自己找停车位，而且每个人的办公室基本上都一样大。

比尔·盖茨施行“开门政策”，这就是说，公司的每一个人都可以找任何人谈任何话题，当然，任何人也都可以发电子邮件给任何人。一次，一个新员工在开车上班时撞了比尔·盖茨停着的新车。她吓得询问老板该怎么办才好，老板告诉她只要发一个邮件向比尔·盖茨道歉就是了。于是，她发了一封电子邮件给比尔·盖茨，不到一个小时，对方便回信了，他告诉她，别担心，只要没伤到人就好，还对她加入公司表示欢迎。

微软公司不仅在一些细节上给予员工充分的权利，而且它还鼓励员工畅所欲言，对公司存在的问题，甚至上司的缺点，毫无保留地提出批评和建议。比尔·盖茨说：“如果人人都能提出建议，就说明人人都在关心公司，公司才会有前途。”微软因此开发了满意度调查软件，每年至少做一次员工满意度调查，让员工以匿名的方式对公司、领导、老板等各方面作回馈。所以，微软公司的每个经理都会得到多方面的回馈和客观的打分。比尔·盖茨和其他他高层领导和人事都会仔细地研究每个组和经理的结果，计划如何改进。

1995年，当比尔·盖茨宣布不涉足互联网领域产品的时候，很多员工表示反对。其中，有几位员工直接发信给他说，你这是一个错误的决定。当比尔·盖茨发现很多人都反对他的意见时，便花很多时间与这些持反对意见的员工见面，面对面探讨这个问题，最后他写出了《互联网浪潮》这篇文章，承认了自己的过错，改变了当初的想法。同时，他把许多优秀的员工调到互联网部门，并为此取消或削减了许多产品，以便把公司的更多资源调入互联网部门。那些当初批评比尔·盖茨的人不但没有受处分，而且得到重用，如今他们都成了公司重要部门的领导。

比尔·盖茨处处给予员工足够的权利和尊重，这就使得他的员工能够获得一种成就感，从而尽心尽力为公司工作，这是微软公司强大的一个重要原因。刚刚创业的人在管理公司的时候，更应该学习比尔·盖茨的管理策略，给创业伙伴充足的信任和权利，让大家感受到创业成功不仅是成就你个人，更是成就大伙，这样公司才有凝聚力和战斗力。当然，创业者能这样做，也在无形当中提高了自己的领导力。

大道至简，知易行难。许多人都明白“先成就同伴，后成就自己”的道理，可就是做不到。归根结底，这就是自私自利的心思在作怪，他们不愿意把权力和利益与他人分享，而只想自己独占独享。

创业者想成功，就要克服这种小家子气的毛病。作为公司的领导者，只有具备先成就别人、后成就自己的心胸，并且尽力去实现它，成功就会水到渠成。

第三节　展现你的利用价值

《胡雪岩》中有一句话相当贴切地道出了人脉的秘诀："一切都是假的，靠自己是真的。人缘也是靠自己，自己是个半吊子，哪里来的朋友？"

的确如此，要想获得自己的人脉圈，第一点就是要增加自己被利用的价值。要知道人脉的最高境界就是互利，如果别人不清楚你的能力在哪里，找不到合作的焦点，自然就没有人脉。其实每个人或多或少都有一技之长，如何把这种能力变成人脉力呢？这需要增加自己曝光的渠道，把自己推销给别人，抓住每一个可以建立自己形象的机会就显得格外重要了。

唐娜出生在阿肯色斯的一个小镇上，在青春期时她像大多数的青少年一样，生涩、害羞，那个时候她认为自己是只丑小鸭，但她内心深处却还是想要成为舞台上光鲜迷人的选美皇后。

当时在选美竞赛上，总以外在美作为取决的标准，众人瞩目的总是亮丽鲜艳的面孔、婀娜多姿的体态，这一点是唐娜所欠缺的。但好在唐娜有一种清新、稳健的独特气质，好比一块璞玉，稍加雕琢就能大放异彩，于是她决定要充分地利用自己内在美的优势。为此她去报名练习健身，学习仪态等课程。

参加了16场选美比赛之后，积累了丰富临场经验的她终于如愿以偿当选阿肯色斯小姐，后来又成为众人瞩目的美国小姐。带着这份令人心动的内在美，她成功地踏入娱乐圈，成为一名出色的艺人，现在她已经拥有了自己的电视节目。

美国小姐唐娜从一只丑小鸭蜕变成白天鹅的过程很有现实指导意义。在一个以外在美为普遍认同的选美比赛中，唐娜找到了自己身上最宝贵的与众不同的价值，并把这点利用价值经过不断打磨、锻造，形成了一种风格，让世人见识到她的内在美并广泛认同。而唐娜这种价值是经过了16场比赛才被广泛认可的，这个过程其实是人脉的累积过程，越来越多的人认可了她，而唐娜最终成为美国小姐并逐渐取得了成功，不能不说与之前的人脉积累有着较密切的关系。

这个故事对我们每个人来说，最有价值的启示当数：要想成功先要发现你的可被利用价值并不断完善它。接下来运用一切机会把自己展示出来，为更多人的所熟知，得到更多人的认同，这样你就会成为人生竞赛中的赢家。

打出个人品牌是非常重要的，现在我们穿衣服、买家电都会认准一个名牌来买，因为名牌一方面代表着质量和信誉，另一方面也代表着品位和荣耀。把自己当成一个品牌来销售，引起别人心中的渴望是最重要的，当你的个人品牌有越来越多的消费号召力时，你的才能就从不值钱的地摊货跃升为昂贵的奢侈品。

其实每个人都具有成功者的潜质，想让自己脱颖而出，就要先发现自己的能力所在，是善于唱歌、作文、处世，还是绘画等。总之先找到自己优于其他人的地方，然后不断地增加这方面的才能。

爱迪生有句名言：“天才是99%的努力和1%的灵感。”如果你还没能在某一方面取得成功，只是因为你的努力还不够，大家在起跑线上是相差不多的，而至于起跑后的差距则是日积月累后的结果。当你在向一个领域努力的过程中，便自然会拥有很多作品，然后不断扩大这个圈子里的人脉，日渐得到同行的认同，当有一些适合你的工作，自然有人会找你来做。一般人认为成功者必定有其特殊的才能或高人一等的智商，其实不然，因为才能与成功之间并没有特别紧密的关系。

展现自我价值、宣传个人品牌的过程，是一个持续前进的过程。不要因为自己可能是一个新手，或者业绩并不突出而自卑，据我所知，很多刚刚毕业步入社会的学生会因为宣传自己而难为情，因为没有具体的东西可谈。但我们没有必要在刚开始的时候就追求完美，因为罗马不是一日建起来的，就算是一流的品牌也不是一夜之间风靡世界的，他们的设计师要拥有多年的工作经验才慢慢获得这样的认可。

因此，我们也只要说“我写作非常好，曾经在杂志上发表文章”、“在处理人际关系上我很擅长，我在大学时组织过某某活动”诸如此类，总之让别人感到你是很有价值的，能够为他带来利益和好处，以便在未来需要这方面的人时会想到你的存在。

不断提升宣传口号与范畴，直到有一天，你变成众人认可的人才，那时就算想不成功也难了。

第四节　重视承诺，建立守信形象

建立守信用的形象，这是让你的人脉竞争力产生正面影响的关键。在我国古代就有“君子一言，驷马难追”之说，足见人们对承诺的重视程度。时至今日，守信依旧被中国人视为做人所应具备的美德之一。如果一个人讲的话，每次都要打折扣，那么他就不会被人信任，只能为人脉带来负面效应。

守信用是人际关系得以长久维持所必不可少的重要因素。守信是个人的立身之本，也是处理人际关系的重要准则。如果在人际交往中不真诚、不重承诺，就不能取得对方的信任，人脉将越来越窄。

另外，信用是商业社会、商业合作的基础和根本，是做人最重要的道德操守。如果没有信用机制，人与人之间、公司与公司之间就不会达成真正的合作，特别是在商业竞争激烈的社会，它显得越来越重要。因此我们常常见到很多公司打着“信誉就是生命”、“信誉就是形象”的招牌来做生意。

有一名座椅制造商雇用一批年轻人，以手工来制造椅子。商人依据每人制作出来的椅子数量，每周付款一次，但有一个条件：每一张椅子要在检验合格后，工人才能取得应获的工资。

这名制造商非常留意其中两名年轻人——罗富士和何汉励，这两个人每周都分别造出很多好的椅子，而且很少有不合格的情形。随着时光的流转，制造商需要找一位监工了，他想到了要从罗富士和何汉励之中选出一位来担任。

那名制造商想了一个办法来测试他们：他将所有工人召集起来，并宣布为了赶工，只要椅子造好了，不必管是否通过检验，都将计件付酬。于是，椅子的产量大大增加了，但相对地椅子的不合格率也增加了。这时，制造商特别去检查罗富士与何汉励所做的椅子。结果，罗富士所做的椅子品质跟往常一样好，但何汉励做的椅子却有一半不合格，那未来谁将会被提拔任用也就不言而喻了吧。

这个故事告诉我们做人一定要诚实，只有重视承诺、恪守信用，才能够赢得别人的信任，彼此才有可能建立稳定的、长期的联系。虽然后来制造商说无论是否通过检验都会付钱，但作为一个重诚信的人，自然会严格要求自己，不会为了赚钱而交给对方一张不合格的椅子。

“重视承诺”要求人们在人际交往过程中必须认真地信守约定。具体而言，它的基本含义是：在人际交往之中，每一个人都必须遵守自己对他人所做出的各项正式承诺。与他人打交道时，说话务必要算数，许诺一定要兑现，约会必须要如约而至。

与此相反，在人际交往中如果不守承诺、出尔反尔，将失信于人，将会在别人眼中变成一个不讲礼义廉耻、不重视个人信誉、不尊重自己的“小人”。这样不遵守人际交往的游戏规则，不尊重自己的交往对象，无疑会断送自己的人脉，甚至会因此而造成更严重的损失。

济阳有个商人过河时船沉了，他抓住一根木头大声呼救。有个渔夫闻声而至。商人急忙喊：“我是济阳最大的富翁，你若能救我，给你100两金子。”待被救上岸后，商人却翻脸不认账了，只给了渔夫10两金子。渔夫责怪他不守信，出尔反尔。

商人说：“你一个打鱼的，一生都挣不了几个钱，突然得10两金子还不满足吗?”渔夫只得怏怏而去。不料想后来那商人又一次在原地翻船了，有人欲救，那个曾被他骗过的渔夫说：“他就是那个说话不算数的人!”于是商人淹死了。

商人两次翻船而遇同一渔夫是偶然的，但商人的不得好报却是在意料之中的。因为一个人若不守信，便会失去别人对他的信任，一旦他处于困境，便没有人再愿意出手相救。失信于人者，一旦遭难，只有坐以待毙。

在各种人际交往中，取信于人早已被公认为是建立良好的人际关系的基本条件之一，同时也是生活于文明社会的现代人应具有的一种优良品德。因此，无论在正式还是非正式的场合，你都绝对不能对此疏忽大意，说不定仅仅是一次五分钟的迟到就会让你失去一条最为关键的人脉。在人际交往中，一个人对他人的承诺，实际上事关个人的信誉，一个人只有遵守承诺，言而有信，才能获得别人的信任与尊重，这样的人才能真正地立足于社会，并且赢得良好声望。

第五节　团队合作胜过单打独斗

在现在这个时代，千万不要迷信“单打独斗”，只有懂得广结善缘，才能事事亨通。一意孤行只会害人害己。一个人之于商场如滴水之于大海，实在微不足道。一个人终其一生，顶多在一两个领域颇有建树，大多数领域对他来说，都是未知，都是零，要想做成更多的事，做成更大的事，只有依靠群体，依靠众多人的合力才能完成。

那些成功的人从来不认为自己的成功是“单打独斗”出来的，比尔·盖茨曾说：“我之所以成功是因为有更多的成功人士在为我工作。”一个人的成功往往不是自己一人之力，其背后一定有一个团队在支持他。舞台上光鲜亮丽的明星，背后往往都有一个实力雄厚的大公司支持，电影明星离不开制作群，也离不开摄制组和众多演员的合作。歌星也不是张张嘴就声名鹊起了，他得有作词、作曲的人，得有人为他出唱片，有人为他炒作、为他宣传，这样他才会成为社会关注的焦点。当下是一个合作的时代，没有合作，成功无从谈起。

张瑞敏领导下的海尔一向是国人的骄傲，可是，海尔也是凭借团结的力量才走到今天的。海尔的每一单生意，没有合作都无法进行。比如有一次，德国的某经销商要求海尔务必在两天之内将货物送到，否则他们就取消订单。海尔人当然知道这两天意味着什么，意味着在德国经销商打来电话的当天，他们就必须将货物装船。这简直是无法实现的。

然而，此刻海尔的团队合作产生了强大的力量，他们分工合作、齐头并进，联系船期的联系船期、调货的调货、报关的报关，全部都投入到这场“战斗”中。当天下午5点半，当德国经销商收到了海尔发货的消息后，非常震惊，继而由衷地表示感激。

海尔产生的非同一般的攻坚战斗能力，必须调动起每位员工的积极性。海尔公司真正验证了“人多力量大”这句话，正是这种合作的强大力量才使海尔奉献出最好的产品和服务，同时也赢得了最大的荣誉和效益。

成功者尚且如此，作为还未成功的普通人更应该将合作视为成功的必要手段，唯有如此才能在强者如林的竞争中增加成功的概率。有些人认为自己是个小人物，出身卑微做不成大事，这是大错特错的。每一个平凡的人只要心怀梦想，团结一切可以团结的力量，靠着人脉的力量终会做出一番成就，不信请看下面这个故事。

1968 年春天，罗伯·舒乐博士立志在加州建造一座水晶大教堂。

“我要的不是一座普通的教堂，我要在人间建造一座伊甸园。”他向著名的设计师菲力普·强生表达了自己的构想。

设计师听完他的话后，不禁哑然失笑：“建这样一座教堂至少要耗费 700 万美元，我想这对您来说，不仅是超出了能力范围，甚至是超出了理解范围的数字。”

谁知舒乐博士听到这个天文数字之后，坚定而明快地说：“我现在 1 分钱也没有，所以 100 万美元与 700 万美元的预算对我来说没有区别，重要的是，这座教堂本身要具有足够的魅力来吸引捐款。”

当天夜里，舒乐博士拿出一页白纸，在最上面写上“700 万美元”，然后又写下 10 行字，分别是 10 种筹集 700 万美元的方式。

（1）寻找 1 笔 700 万美元的捐款。

（2）寻找 7 笔 100 万美元的捐款。

（3）寻找 14 笔 50 万美元的捐款。

（4）寻找28笔25万美元的捐款。

（5）寻找70笔10万美元的捐款。

（6）寻找100笔7万美元的捐款。

（7）寻找140笔5万美元的捐款。

（8）寻找280笔25000美元的捐款。

（9）寻找700笔1万美元的捐款。

（10）卖掉10000扇窗，每扇700美元。

60天后，舒乐博士用水晶大教堂奇特而美妙的模型打动了富商约翰·克林，让他捐出了第一笔100万美元。

第65天，一对倾听了舒乐博士演讲的农民夫妇，捐出了第一笔1000美元。

第90天时，一位被舒乐博士孜孜以求所感动的陌生人，在生日的当天寄给舒乐博士一张100万美元的银行本票。

八个月后，一名捐款者对舒乐博士说："如果你的诚意与努力能筹到600万美元，剩下的100万美元由我来支付。"

第二年，舒乐博士以每扇500美元的价格请求美国人认购水晶大教堂的窗户，付款的办法为每月50美元，10个月分期付清。六个月内，一万多扇窗户全部售出。

1980年9月，被誉为建筑史上的奇迹和经典的水晶大教堂，终于在加州竣工。其历时12年之久，最终造价为2000万美元，而这个令人不敢想象的工程的花费，竟然都是舒乐博士动员了一切可以动员的力量筹集起来的。这里面既有100万美元的巨额捐款，也有几美元的点滴赞助，正是这些人的共同努力，才有了大教堂的最终建成。

如果将我们的人脉资源比作建大教堂，我们不难想到，这些资源的建立不但需要我们去结交那些看起来风光无限的能人，也要去结交那些看似平凡的普通人。只有这样，我们才能收获最多的人脉资源。不管那人现在的力量有多么微弱，众人拾柴火焰高，每个人都贡献出微薄的力量，集合起来也会提供强大的能量。这向人们证实了，成功从来不是单打独斗的结果。

第六节　人际秘诀，成功在于主动联系

从心理学上来说，人出于自我保护一般来讲都是比较被动的，但每个人其实都希望得到关心和友谊，所以交朋友是人的一种需要。而另一条心理学实验得出的结论是，一个人认识的人越多，可能结交的朋友就越多。两者综合起来，告诉我们一个人脉交往秘诀就是，要想获得广泛的人脉就要主动结识更多的人，并保持联系。

在现实生活中，有许多人尽管与人交往的欲望很强烈，但仍然不得不忍受孤独的折磨。在潜意识中，他们总是等待别人首先接纳他们。他们的朋友很少，甚至没有朋友，这往往与他们在社交上总是采取消极被动的退缩方式有关。所以，编织自己的人脉网络时，要主动去制造与别人相处的机会，主动出击才是正确的选择。

据说，日月光半导体前总经理刘英武当初在美国 IBM 工作时，为了争取与老板碰面的机会，每天都细心观察老板上洗手间的时间，自己选择在那时去上洗手间，以增加互动。他如此有创意地主动出击，就是为了让老板熟悉他、了解他，以便提

升自己的人脉竞争力。

别人同你一样是不会无缘无故对其他人感兴趣的，因此，要想赢得别人的好感，同别人建立良好的人际关系，从而形成一个丰富的人脉网络世界，你就必须去充当交往的主动者，使自己处于主动的地位。当你主动与陌生人打招呼，主动与人攀谈，并一次次获得成功的经验后，你的自信心便会越来越强，人际关系也会越来越好。

主动结识朋友会让你有一个很好的初级人脉圈，为了让人脉真正地为你服务，上升到一个新的层次，则需要花一些时间与人通话、见面、吃饭、喝咖啡、聊天，保持联络与维护。每天为你的人际关系多投入一点点，你终将得到更大的回报。

从事营销工作的罗纳德所在的公司开始时对销售人员管理比较宽松，希望每一个销售人员都能够发挥各自的才能，创造最大的效益，但销售业绩始终不能令人满意。于是，公司采取了新策略，由过去各自为战的销售模式转变为彼此呼应的团队营销。

每一个销售计划都是由几个人组成的团队共同来完成。每个人在团队中都有明确的分工，大家各司其职，定期碰头通报各自的进展情况，然后商讨并做出及时的决策。所以，虽然大家不是每天坐在一间办公室里，但彼此之间还是要保持密切的联系。在这种经常保持联系的工作状态下，人际关系比起从前更加和谐，公司的业绩也很快得到了提高。

事实证明，这种“团队作战”的组织形式比过于分散的个人方式更有成果，可以群策群力地完成好工作。一个人的工作能力即便再大，也还是有限的，他必须要依靠别人的帮助才有可能获得成功。

良好的人际关系，在于主动、经常性地保持联系。老话里有句“远亲不如近邻”，就是说一个久不走动的亲戚，遇到意外时还不如天天见面的邻居更有帮助。通过实践发现，一个人人际关系好往往是由于他与别人经常保持联系的结果。当你认识的是一名新顾客，如果能经常与他联络，持久保持一种朋友关系，那么有新产品上市，推荐给他时接受程度就比较高；反过来，即使一位老顾客，你有一年没有联系了，突然打电话过去请求他购买新产品往往不会成功。

从人性的角度来看，每一个人都习惯被动，很少有人会喜欢到一个场合主动交朋友。但人脉在竞争如此激烈的今天格外重要，要求我们必须去做别人不愿意做的事情。如果你平时也不愿花时间在上面，往往到了关键时刻，才发觉自己的人脉资源太少。

事实上，改善人脉非常容易，简单地讲只是一个观念的改变，可能就会产生截然不同的变化。从概率上讲，主动去结交的人，往往更容易交到好朋友。因此，编织人脉网络时只有主动出击，主动联络，勤加沟通，才会有所收获。

第七节　跻身圈内，“他荐”令你身价暴涨

是圈内人还是圈外人，有时对一个人的事业发展有着至关重要的作用。圈里圈外，是一个人身价的分割线，进入圈内意味着你被这个行业的人所认同，你是专业的，你所从事的是重要的、不可替代的工作，因此你的报酬将与这个圈子的行情相当；而未能进入圈内，你可能就是外行，那么你只是个常规工作者，想要与圈内人交

朋友也比较困难。

圈内与圈外之所以冰火两重天，这里面有一个人际交往的心理学。圈子是存在很多规则的，要进入这个圈子首先要有这方面的认知，否则是不会受到欢迎的。所以，要进入一个圈子先要学习，学习这里面人的穿衣风格、兴趣爱好，这通常是一种聪明的办法。通过互相交流信息、切磋体会都可融洽人际关系，让你尽快地融入圈内。

因为一些高端的项目和专业领域的项目进行大范围的社会招标往往浪费精力，也很难招到。在各个领域里，高手总是有限的，而且相互之间肯定都比较熟悉。比如说网球比赛选手，他们之间经常交手最了解对方的实力；编程高手，他们都是各领域内的佼佼者。这种专业内互相间的推荐方式也是最便捷的，像微软公司就极少对外招聘员工，人才的引进往往都通过在职员工、同行的推荐，简单面试然后进入公司工作。

因此，要想获得机会，单凭个人宣传是很难进入圈内的。这时就需要一个人脉间的相互推荐，“他荐”才是让你真正跻身圈内的关系所在，可能只在一夜之间你的身价就会暴涨数十倍，这并非无稽之谈。

这种例子发生最多的是在演艺圈。我们知道一个新人走红往往就是通过参演一部大片，因此像与周星驰合作的“星女郎”、与张艺谋导演合作的“谋女郎”、还有参与“007”系列电影的“邦女郎”，她们往往一片成名，从而声名鹊起，走上事业的巅峰，而她们往往是通过他人的推荐才走上了荧屏和银幕的。好莱坞的电影工业早就商业化了，它的电影制作分工极细，制片人身边的摄影、摄像、技术、美工、电脑特技等一系列相关工作人员，都是经过他人推荐进入拍摄组的，而且推荐者与被推荐者同为专业性人才，都拥有着相当丰富的经验。演艺圈是一个排他性比较强的行业，一个导演专业的毕业班可能会出几十个导演，但真正能够有机会执导的简直是九牛一毛，因此即使是电影学院科班出身的专业人才，往往也要依靠人脉才能得到实习的机会。

其实，在圈内能够得到推荐往往取决于人与人之间的相容度，与我们常说的社会普遍的性格特征关系不大。也许一个人在品质上、道德上有缺陷，但只要在某个方面与推荐者发生了强烈的共鸣，便可以得到宽容和接纳；反之即使一个人再谦恭，如果缺乏相互吸引的特殊才能，也将不被列入引荐的名单。

春秋战国时代，齐国有一个叫管仲的年轻人，他有一个好朋友叫鲍叔牙。鲍叔牙知道管仲是一个很有贤能的人，所以在很多地方对他比较宽容。比如，管仲家境贫穷，与鲍叔牙一起做生意时经常喜欢占便宜。鲍叔牙毫不在意，始终对管仲很好。后来，鲍叔牙做了齐国公子小白的家臣，管仲做了公子纠的家臣。公子纠与公子小白争夺齐国王位而上演了一场宫廷斗争，结果公子纠被杀，小白登位成为齐桓公。鲍叔牙反而向桓公推荐管仲，并说服齐桓公不记前仇任用管仲当了齐国的宰相。靠着管仲的谋略，齐国大治，齐桓公称霸。

从整个历史来看，管仲的个人职业生涯是非常失败的，而且品德不好。他赚朋友钱，打仗时逃跑，这样的人之所以得以出人头地，就是靠鲍叔牙的举荐，从而由一个阶下之囚，转瞬间成为一人之下、万人之上的治国宰相。

我们要说，为什么鲍叔牙会这么宽容管仲，难道世间只有一个管仲吗？我想就是因为鲍叔牙与管仲在核心价值上有着高度的融洽，我们可以将其简称为“圈内效应”。因为这个世界上顶尖的人才总是非常稀少的，而跻身在这个层面上总会得到超过一般人的机会。即使你犯了一些错误，只要对事业、团结有利，也会得到好的机会，如果换作默默无闻的圈外人，有九条命恐怕也不够用。

因此，要想迅速地提升自己的身价，拥有良好的人际关系，就要想方设法进入某个圈内，而这也将成为你成功道路上迈出的至关重要的一步。

第八节　融入人脉的海洋才不会干涸

在庞大的人际海洋中，每个人都如同一粒水滴，如何让它永不干涸，只有把它放进大海之中。在人脉网中，每个人都是其中渺小的一员，也是一个属于你的人际网络的中心，为了让自己的人脉永不僵化，也要把自己变成整个脉络中的一个节点。通过自己为其他不相识的朋友牵线搭桥，这样在他们建起的人脉之中无形中包含了你，就能不断将你的人际网络拓宽，你的人脉资源将会越来越丰富。

在现实生活中，我们经常会感到有一些事情非常蹊跷：对于一个人来说急需的东西，对另一个人却是急于脱手的东西；对一个人来说十分困难的技术，对另一个人却几乎是天天在操作的工作。

比如，当你的某个同事因为要搬家而四处找房子，而你的一个亲戚却正好有房子要出租；当你的领导为了家里的电脑坏了而焦头烂额时，你的一个朋友却可能正是维修电脑的高手；当你的一个朋友说自己要买房子而无从下手，而你的一位同学刚好是某房地产公司的项目经理。面对这些情况，你会不会主动提出帮助他们呢？如果你抱着事不关己的想法而选择沉默，那你可能就错失了一次扩大人际网络的机会。

20世纪50年代初期，有个叫丹尼尔的年轻人从美国西部一个偏僻的山村来到纽约。走在繁华的都市街头，他发誓一定要闯出一片属于自己的天空。然而，对于没有进过大学校门的丹尼尔来说，要想在这座城市里找到一份称心如意的工作，简直比登天还难，几乎所有的公司都拒绝了他的求职请求。

就在他心灰意懒之时，有一天，他接到一家日用品公司让他前往面试的通知。他兴冲冲地前往面试，但是面对主考官有关各种商品的性能和如何使用的提问，他吞吞吐吐一句话也答不出来。说实话，摆在他眼前的许多东西他从未接触过，有的连名字都叫不出来。眼看唯一的机会就要消失，在转身退出主考官办公室的一刹那，丹尼尔有些不甘心地问："请问阁下，你们到底需要什么样的人才？"

主考官彼特微笑着告诉他："这很简单，我们需要能把仓库里的商品销售出去的人。"

回到住处，回味着主考官的话，丹尼尔突然有了奇妙的感想：不管哪个地方招聘，其实都是在寻找能够帮自己解决实际问题的人。既然如此，何不主动去寻找那些需要帮助的人？他想，总有一种帮助是他能够提供的。

不久，当地一家报纸上，登出了一则颇为奇特的启事。文中有这样一段话："……谨以我本人人生信用作担保，如果你或者贵公司遇到难处，如果你需要得到帮助，而且我也正好有这样的能力给予帮助，我一定竭力提供最优质的服务……"

让丹尼尔没有料到的是，这则并不起眼的启事登出后，他接到了许多来自不同地区的求助电话和信件。原本只想找一份适合自己工作的丹尼尔，这时又有了更有趣的发现：老约翰为自己的花猫生下小猫照顾不过来而发愁，而凯茜为自己的宝贝女儿吵着要猫却找不到卖主而着急；北边的一所小学急需大量鲜奶，而东边的一处牧场却奶源过剩……诸如此类的事情一一呈现在他面前。

丹尼尔将这些情况整理分类，一一记录下来，然后毫无保留地告诉那些需要帮助的人。不久，一些得到他帮助的人给他寄来了汇款，以表谢意。据此，丹尼尔灵机一动，注册了自己的信息公司，业务越做越大，他很快成为纽约最年轻的百万富翁之一。

帮助别人才能成就自己，其实丹尼尔做的就是将自己变成人脉中的一部分，有偿提供信息帮助，简单地说就是让两个原本不相识的人通过第三个人而相识，通过人脉的交换，找到更多的商机，而为两者牵线搭桥的人也同时为自己创造了最好的成功机会。

每个人的身上都有一定的人际价值，你有价值，你身边的朋友也各有自己的价值，那么为什么不把他们联系起来，彼此传递更多的价值呢？如果你只是接受或发出信息的一个终点，那么你的人脉关系就是单向的，其产生的价值也是有限的；但如果你将两条有价值的人际关系连接起来，那你就是人际网络的一个枢纽，也就有更多的机会去巩固和扩大自己的人脉关系网了。

第七章
积极心态：好心态让你充满能力量

心态决定人生成败。人不能改变环境，但可以改变心态；人不能改变别人，但可以改变自己。态度决定出路，观念决定前途。失败者之所以失败的最大原因，就在于他们总是抱着失败的心态去面对一切。自卑、悲观、恐惧、忧虑、嫉妒、猜疑、贪婪……如同一道道“心墙”阻碍着追逐成功的步履。

激发你的正能量

第一节　心态决定人生成败

所谓心态，就是我们对待万事万物的看法和态度，它是我们采取一切行动的基础，也决定我们用何种方式去创造我们的生活。

心态影响着人们对事物的看法。比如，两个口渴的人面对同样的半杯水，悲观者会说："真不幸，只有半杯水了"。而乐观者则会说："真好，还有半杯水呢!"引发快乐的原因，并不在于水量的多少，而在于人们看待问题的态度。

心态决定人生成败。人不能改变环境，但可以改变心态；人不能改变别人，但可以改变自己。态度决定出路，观念决定前途。失败者之所以失败的最大原因，就在于他们总是抱着失败的心态去面对一切。自卑、悲观、恐惧、忧虑、嫉妒、猜疑、贪婪……如同一道道"心墙"阻碍着追逐成功的步履。

美国西点军校有一句名言："态度决定一切。"是的，在这个世界上，没有什么事情是做不好的，关键在于你的态度。事情还没有开始做的时候，你就认为它不可能成功，那么它当然就不会成功，或者你在做事情的时候不认真，那么事情也不会有好的结果。没错，成败的原因归结为态度，你对一件事情持什么样的态度，你付出了多少，就会相应地出现什么样的结果。

三个年龄、技术都相仿的工人在砌一面墙。一位记者过来问：“你们在干什么？”

第一个工人心不在焉地说：“没看见吗？我在砌墙。”

第二个工人抬头看了一眼记者，说：“我们在盖一幢楼房。”

第三个工人真诚而又自信地说：“我们在建设一座城市。”

十年后，第一个工人仍然在一个工地上砌墙；第二个工人坐在办公室里画图纸，他成了工程师；第三个工人成了一家房地产公司的总裁，是前两个人的老板。

态度决定高度，仅仅十年的时间，三个人的命运就发生了截然不同的变化，是什么原因导致了这样的结果？是态度！一个人有什么样的心态，就会有什么样的追求和目标。具有积极、乐观心态的人，其人生目标必然高远，有了高远的目标，必然会为之努力。一分耕耘，一分收获，有努力必有回报。

有时候看看我们的同学、朋友、战友、同事，当年都处于同一个起跑线上，可是，十年过去了，你也许会突然发现：有些人比你更出色、更优秀。你为此感到迷茫，甚至埋怨命运的不公。其实，那不是因为他们得天独厚，事实上你和他们一样出色。如果你今天的现状与他们不一样，只是因为你的精神与心态和他们不一样。他们可能只是比你更加积极，更加自信，更加阳光，更有勇气，更有意志力。

态度可以决定一个人的成长高度，干任何工作，干任何事情，都是如此。一个人的态度决定了他能否把这件工作、这件事情做得更完善、更完美。同时，也决定着一个人能否走上更高的职位。

毕业那年，四位同学受学校推荐去报社应聘，结果唯有他落选。

那三位同学进了报社之后，彼此默默地展开了竞争，每个人的发稿量均在报社中名列前茅，且不失颇具影响力的佳作。

这时，在某中学任教的他，时常感慨命运不济，否则，凭自己的文学功底，丝毫不会逊色于那三位同学的。而现在只能待在小小的校园里，看不到外面的精彩世界。

一日，他带领学生去大山深处探访一位剪纸老人。他惊讶于那位一生未曾走出大山又不识字的老人高超娴熟的技艺——只见他随手拿过一张纸，折叠几下，剪刀如笔走龙蛇，眨眼工夫，便魔术般地变出了一幅精致的作品。轻巧的构图、顺畅的线条、形态万千，那样自然、巧妙，又那样美观、大方。他和学生都看得目瞪口呆。

他禁不住问老人：“您几乎足不出户，是怎么剪出这么漂亮的图案的?”

老人笑了：“因为我心里有啊，心里有个精彩的世界，才能在手上表现出来啊!”

他怦然心动：原来，自己总以为只有面对精彩的世界，才能有精彩的创造。殊不知如果暗淡了心灵，即使面对再精彩的生活，也会熟视无睹的。

此后，他怀着满腔热情边教书、边写作，他的精美文章频频地出现在各类报纸杂志上，他利用寒暑假采写的纪实作品也连连获奖。

数年后，他又考取了研究生，成为一所高校里颇受同学敬佩的副教授，还是国内颇有名气的自由撰稿人，其名气早已远远超出了那三位当初让他羡慕不已的同学。

是的，精彩的是心灵，决定自己人生命运的是心态。心有多高，你就会飞多高。以积极的心态面对人生，你就可以达到原来无法企及的目标，冲破原来认为难以跨越的藩篱。世界上没有做不好的事，只有态度不端正、心灵不阳光的人。做任何事情，都要有一个好的态度。

就个人而言，职业竞争表面上看是知识、能力、业绩的竞争，实质上却是职业心态和人生态度的竞争。积极的心态是比黄金还要珍贵、还要稀缺的资源，积极的心态是个人最核心、最根本的竞争力。以积极的心态立即行动，便可获得充实向上的人生。

第二节　保持积极的心态

要想改变生活，首先要做的就是改变自己。如果你是正确的，你的生活就会是正确的。当你用积极的心态面对生活时，即使再大的困难也难不倒你。

很多时候，成功就在一念之间。而这“一念”，却来自于你长期的自我情绪调节。把情绪带到阳光下，你就能发挥无限的潜能，走上人生的康庄大道；反之，把情绪带到阴暗潮湿的环境中，你只会越来越消极。

所以，我们要时刻保持正面积极的心态，把情绪控制在一个良好的范围内，以激发无限的潜能，获得人生的成功。

在美国，有一个叫雷·克罗克（Ray Kroc）的人。他出生的那年，恰逢美国西部淘金热结束，一个让许多人都发了财的时代与他擦肩而过。当他读完中学后，本该继续读大学，可是又赶上了1931年的美国经济大萧条，他因没钱又失去了读大学的机会。后来他进入了房地产业，好不容易打开了局面，不料第二次世界大战爆发，房价急转直下，他又失去了经济来源。为了谋生，他不得不四处求职，做过急救车司机、钢琴演奏员和搅拌器推销员。就这样，几十年来，低谷、逆境和不幸时刻伴随着他。命运似乎一直在捉弄他。

虽然屡遭挫折，但雷·克罗克却丝毫不减追求美好生活的热情。1955年，在外面闯荡半生的他回到老家，卖掉家里少得可怜的一份产业开始做生意。这时，他发现迪克·麦当劳和迈克·麦当劳兄弟俩经营的汽车餐厅生意非常红火。经过一段时间观察，他认为这个生意很有发展前途。当时他已经52岁了，却决心从头做起，到这家餐厅打工，学做汉堡包。后来，他与麦氏兄弟合作成立了第一家加盟连锁店。再后来，当麦当劳景气低迷时，他又以借来的200多万美金将其买下，并开始以科学化的管理开始经营麦当劳。

现在，麦当劳已成为全球最大的以汉堡包为主食的速食公司。而雷·克罗克，则被誉为“汉堡包王”。

一个人对待生活的态度能够决定他的一生。瑞士哲学家阿米尔曾经说过：“生活失去了希望，就不再是生活，它的名副其实的名字就该是磨难。”我们每个人的一生都要经历很多磨难，如果能做到心怀希望，那么任何磨难都会变得微不足道。反之，放弃希望的人就像是给自己的生活判了死刑，他的人生会失去全部的意义。

保持积极的心态是一门生活的艺术。你是用积极、乐观的心态看世界，还是用消极、悲观的心态看世界，将决定你的人生命运轨迹。因为同样的事物，以不同的态度、方法去对待，结果也会完全不同。就像雷·克罗克屡遭挫折的一生，换作有的人，可能早已经对生活失去了信心和希望。但雷·克罗克却凭着对生活的积极心态，在人生的后半段缔造了一段辉煌的历史。

只有保持积极的心态，我们才能在困境中仍对未来充满希望。事实上，这也正是成功者与失败者的差异所在。

失败者总是用消极、悲观的心态看问题，所以他们的情绪也是消极的，比如忧愁、悲伤、愤怒、抱怨、焦虑、痛苦、恐惧、憎恨等。这种消极的情绪，会引起人们行动的迟缓、精神的疲惫、进取心的丧失，严重时会使自我控制力和判断力下降，意识范围变窄，正常行为瓦解。成功者则不然，他们在碰到相同或更大的问题时会有积极的反应，他们会寻求问题好的一面，使结局变得更美好、更成功。

我们无法预知生活的各种情况，但我们能够以积极的心态和积极的情绪来适应它，这就是高情商的表现。

积极的心态是黑暗中的明灯，是寒冬的温暖，是一切怯懦和失败的克星。任何时候都要保持积极的心态，只要还有梦想，只要仍存期待，只要不放弃努力，人生就会有很多机会和幸运等着你。

第三节 保持主人翁的心态

无论做哪项工作，都要有一种主人翁的意识和态度，不能有“当一天和尚撞一天钟”的想法，以这两种思维做事，得出来的结果是完全不同的。

在职场中，员工健康的心态包括很多种，其中一种就是主人翁心态。无论是企业首席执行官，还是部门经理；无论是业务主管，还是普通员工，如果你认为公司是你自己的“船”那么你的命运就与公司的命运紧紧地联系在一起了。

我们常说：“皮之不存，毛将焉附。”是的，一个企业，如同一个民族，当它强大时，它的人民才会扬眉吐气；当它衰败时，人们可能只能暗自嗟叹。从这个角度上来说，应该把企业当成一种力量的源泉、生命的支撑，视企业如生命，与企业共命运。

也许很多人会说，我只是公司的一个员工，一个打工者，干好分内的工作就可以了，何需主人翁心态？其实不然，虽然你不是公司的老板，但你却是某个岗位的主人。如果你仅仅将自己定位为打工者的话，遇到难事就会躲着走，不愿意多干一点，殊不知这种情况下，你就少积累了一次经验，也就等于放弃了一次技能提升的机会。要知道，知识、经验、技能的提升和报酬的提升往往都是成正比的。换句话说，当我们认为这件事“与自己无关”时，我们就不会为此件事动脑筋、想办法、费时间、花精力。因为我们大多数人都看不到“与自己无关”的事会给自己带来什么好处，对自己有什么价值，我们被自己认识层面的盲点欺骗了！

“注意你的思想，它会成为你的语言；注意你的语言，它会成为你的行为；注意你的行为，它会成为你的习惯；注意你的习惯，它会成为你的性格；注意你的性格，它会成为你的命运。”我们的命运是由我们不注意的一点一滴所掌控的，无论如何你一定要明白，在公司这条“船”上，你是主人，不是乘客，公司的荣誉、公司的盛衰成败都和你自己有着紧密的联系，否则最终蒙受巨大损失的兴许还是你自己！

有个老木匠准备退休，他告诉老板，说要离开建筑行业，回家与妻子儿女共享天伦之乐。

老板舍不得他的好员工走，问他是否能帮忙再建一座房子，老木匠说可以。但是大家后来都看得出来，他的心已不在工作上，他用的是细料，出的是粗活。房子建好的时候，老板把大门的钥匙递给他，说这是你的房子，是我送给你的礼物，为答谢你这么多年为公司所作出的贡献。

老木匠震惊得目瞪口呆，羞愧得无地自容。如果他早知道是在给自己建房子，他怎么会这样呢？现在他得住在一幢粗制滥造的房子里！

我们又何尝不是这样。我们漫不经心地“应付”我们的工作，不是积极行动，凡事不肯精益求精，在关键时刻不能尽最大努力。等我们惊觉自己的处境，早已深困在自己建造的“房子”里了。退一步讲，或许你具备了主人翁心态仍然不能改变打工的事实，但你如果想要成功就应该时刻这样想：即使是打工，我也首先是为自己打工。虽然我不一定是企业的主人，但是，我要为我的职业生涯之路而努力。把工作上的事当成自己的事，用一种积极、负责、奉献、坚持、永不言败的心态去做好工作，长期坚持，你一定会有意想不到的收获。

某公司的副经理王佳平常总是主动加班，被其他职员嘲笑具有“奉献精神”，是现代职场的“活雷锋”。虽然他的综合能力不是公司最强的，但是他的责任心引起了董事长的注意，于是毅然决定提升他做经理。

以公司为家是一种积极的工作态度，放弃自己狭隘的想法，竭尽全力去工作，不仅帮了企业，也实现了自己的人生价值。在具体的工作岗位上，我们还应不断地钻研业务技术，不断地修补自己业务技术上的“短板”，时刻提醒自己，努力的受益者最终也会是努力者本人。

总之，如果我们以“主人翁心态”思考、做事，我们和公司（团队）最终会达到“双赢”的境地！

第四节　积极寻找工作中的乐趣

很多人都对自己目前的工作感到不满，觉得没什么意思，非常不快乐。他们认为自己是迫于无奈才选择了这份工作；或者他们认为工作枯燥无味，完全不是自己想象中的样子；或者他们抱怨自己运气不佳，没有找到一份自己认为理想且舒服的工作……于是他们在工作中愁眉苦脸，唉声叹气，在无聊中等待下班，在碌碌无为中虚度光阴。

打字员朱丽辛苦工作了一天后，傍晚才回到家中。她腰酸背痛，疲惫不堪，没有胃口，只想睡觉。正在这时，男朋友打来电话邀她去跳舞。顿时，她的眼睛亮了，精神也振作起来了。她换上衣服，冲出门去。一直跳到凌晨2点才回家，而此时她一点也不倦怠，正相反，她兴奋得睡不着觉了。

看得出来，傍晚时分的朱丽之所以显得那么疲倦，是因为她对工作感到厌烦，是因为她没有从工作中寻找到乐趣。

为什么辛勤工作的同时却越来越不快乐？为什么越是努力，离快乐就越远？职场中的很多人在30岁左右往往会遭遇自己事业和生活的“瓶颈”。是时候重新思考自己的人生，调整自己的状态了！怎样才能寻找到工作中的乐趣，并最终获得心灵的满足？

若想真正从工作中获得快乐，我们就应该把工作当作一种乐趣和挑战，而不是当作一种刻板、单调的苦差事。“选择你所爱的职业，爱你所选择的职业”不是一句空话，而且选择一经做出，就不要轻易改变自己的初衷，要在自己所喜欢的职业中尽最大的努力做出成绩。

不要后悔自己的选择和付出，有了兴趣和努力，做任何一件事情都会开花结果。生活得快乐与否，完全掌握在自己的手中，当我们把工作变成生活中的一种乐趣时，那么我们自己也就乐在其中了。一旦心情愉快起来，本来你觉得乏味的事情会变得妙趣横生，这正是工作的本质所在。

其实不管你做的工作是高贵还是卑微，都可以从中获得经验、知识和信心，当你全身心投入，心怀快乐地去工作时，工作就会变成一件让你感到开心和有满足感的事，也就不会再让你觉得单调和无聊了，而且工作效率会越高，工作成绩也会越突出。

在美国西雅图海边的派克市场，有一个举世闻名的鱼摊叫“派克鱼摊”。走进市场，很快就会看见在市场的尽头聚集了一群人，老远就可以听到他们的喧哗声。走进了，你会发现大家像是看街头表演似的，一圈又一圈地围着几个穿着亮橘色的塑胶带裤的年轻小伙子观看。

一位游客选了一条鲑鱼，只见鱼摊伙计不紧不慢地站在原地，抓起鱼顺势向后面的柜台扔去，底气十足地喊道："鲑鱼飞到威斯康星！"柜台里马上晃出一张明快的笑脸，伸出一只手接住鱼，并大声重复着"鲑鱼飞到威斯康星"，话音刚落，鱼就包好了，整个动作一气呵成，惹得围观的人齐声欢呼。尽管海风越吹越冷，但是这鱼摊总是被人潮与笑声围得暖烘烘的。

一位来自明尼苏达州的游客一大早就到这里买鱼，他说："虽然鱼都差不多，但这里比较有趣，它让我快乐"。"派克鱼摊"的故事被写成书、拍成教学录像带、翻译成 17 种语言，成为世界 500 强企业的培训教材。"派克鱼摊"的老板约翰·横山曾在鱼摊濒临破产的边缘召集鱼摊的伙计开会，讨论未来该怎样经营鱼摊，一个小伙子提议做"举世闻名的鱼贩"。在实践中，他们发现快乐对顾客和自己都很重要，顾客因为快乐而喜欢来鱼摊买鱼，自己快乐则使工作效率大大提升，于是他们创造了"飞鱼表演"，在工作中寻找到了快乐！

派克鱼摊的故事带给我们的启示很珍贵：快乐需要去寻找、去发现，只有积极寻找快乐的人，才会找到快乐，享受到快乐；快乐的心情能够提高工作效率，能够创造更多的价值。

在工作中，不管你的心情坏到什么程度，只要你以积极的态度去寻找，就一定会发现无限的乐趣。比如，你可以找出最适合自己的工作方式并且依此方式行事，果真如此的话，你一定会发现自己的工作更有成效，而自己也更快乐；与同事、朋友之间多多谦让、宽容一些，大家的关系就会融洽很多，工作氛围也就会变得轻松愉快；家庭生活幸福与否会直接影响工作质量的好坏，因此你在拼搏于职场的同时，也应照顾好自己的家庭。

在工作中，你不仅可以追求快乐，还可以创造快乐，让快乐变成一种工作态度，让自己在工作中开心愉悦起来。要做到这一点并不困难，只要从小事开始就可以，比如，你可以时常保持微笑，发挥幽默感，凡事都往好处想，等等。

积极努力地去寻找工作中的乐趣吧，不然你的生活就会暗无天日，而选择一份自己喜欢、适合自己的工作既能够使你不断进步，又能让你从中学到技能，你的生命也会因此而更加充盈。

第五节　用开朗的心情替换抑郁的神经

从前有一位老妈妈，她有两个儿子，都是做生意的。大儿子卖雨伞，小儿子卖扇子。每当晴天的时候，老妈妈就发愁了：这大晴天的，大儿子的雨伞可怎么卖呢？若是到了雨天，老妈妈又犯愁了：这阴雨天，我的小儿子可怎么卖扇子呢！老妈妈天天都愁眉不展。

有一天，一个智者听说了这件事，就对老妈妈说："您应该换个角度想，如果是雨天，您就想：下雨了，大儿子可以卖好多雨伞了；如果是晴天，您就想：这下好了，小儿子可以卖扇子了。"后来，老妈妈照这样去想，果然每天都喜笑颜开，一直活得很开心。

忧虑、高兴、害怕和愤怒等都是我们对环境的一种反应，也是我们生活中常见的情绪。为什么老妈妈在同样的情况下却有不同的情绪呢？这说明人的情绪是可以调控的。

人生难免有很多不如意，人的承受力也是有限的，有时候难免会感到消极沮丧。遇到自己消极的时候，该怎样让自己变得积极呢？

在拿破仑·希尔的《成功学全书》中，提到了一个 PMA 黄金定律，也就是积极的心态。拿破仑·希尔指出，人与人之间只有很小的差异，但这种很小的差异却往往造成了巨大的差异。很小的差异就是所具备的心态是积极的还是消极的，巨大的差异就是成功与失败。一个人如果心态积极，能乐观地面对人生，乐观地接受挑战和应付麻烦，那他就成功一半了。

我国古老的哲学思想就指出，一阴一阳谓之道。有阴必有阳，有坏的一方面，也必有好的一方面。西方分为积极和消极。同样是半瓶水，你为什么看到的是空的那部分，而没有看到有水的那部分？况且，思想并不像半瓶水那么简单，而是遵循着阴消阳涨、阳消阴涨的规律。大脑中如果天天充斥着消极的思想，积极的思想就会越来越少。所以，只有让你的积极思想变得越来越多，消极思想才会越来越少。

“忧郁型”的人天天都认为一切都不够完美。他们感叹世间没有完美的东西，所有的事物都是那么的不和谐，因此，天天都是郁闷的心情，天天阴沉着一张脸。这种人由于经常处在忧郁消极的思想里，所以很难快乐起来。相反，我们再看“活泼型”的人，他们天天都笑脸相迎，是愉快乐观的人。我们很少能看到他们有消极的时候，即使是有痛苦的事，他们也会很快恢复到快乐的心情。

保持乐观将会对自己的人生有极大的帮助。看看那些成功人士，他们都是以积极的态度面对生活和工作的人。其实，消极与积极只是两种不同的处事态度。积极是被发现出来的。

有两个年轻人从贫困的农村来到城市谋出路。第一个人的感觉是：这里连水都要花钱买，我根本就没办法在这里生活。于是，他离开城市，回家种地去了。而另一个人却想：这里连水都可以卖钱，我肯定能在这里赚到大钱。后来，第二个年轻人果真赚了大钱，开创了自己的事业。所以，我们要培养自己分析问题的能力，从积极的角度看待事物。

在日常生活中，我们要积极，就要多和积极的人在一起。交一些有积极思想的朋友，远离消极的人。消极的人不但不会给我们带来帮助，还有可能影响我们前进的脚步。积极的人则像太阳，会照亮身边的人，让人们受到他们的感染。

约翰和玛丽是同事，假期相约一起去山顶看日落。刚过中午，他们两个人就整装待发，带上了充足的饮用水和食物，朝着山顶走去。那天游人很多，山路上的人络绎不绝。

这座山很高很大，而且观看日落的地方是一个悬崖峭壁的顶端。山路曲折蜿蜒，突出来的山峰有时会把太阳遮住。约翰和玛丽一开始还很有力气，毫不停歇，但山路的崎岖渐渐让两人感到行走艰难。到了高处的时候，他们不得不走一段歇一段。走了很久，群山遮住了一切，离山顶还有好一段路要走。也不知道太阳是不是落山了，他们就问下山的人："山顶还能看落日吗?"

"能啊。"下山人回答道，"正是好时候呢!"

二人一听很高兴，顿时来了精神，鼓足劲儿朝山顶走去。又过了不知多长时间，终于到达了山的顶峰。可是约翰却发现，太阳早就落山了，暮色已经笼罩了四周。约翰非常恼火，不住地抱怨，出发时的高兴劲儿一扫而光，他沮丧得不得了。这时，他听见玛丽的赞美声，很纳闷地问："你这人真是的，白白地爬上来，日落看不到了，还这么高兴。"

玛丽说："是啊，日落是看不到了，但是我看到了满天的星斗朝我们眨眼睛呢！我好久没有看到这么多星星了啊，真亮。你瞧，我们花这么多时间爬山，总算没有白白浪费。"

当你认为自己很糟糕的时候，请想一想比你更不幸的人。有这样一句话很能给我们触动：有的人因为没有鞋子而哭泣，却不知道有人没有双脚。心情不好的时候，我们可以听一听鼓舞的音乐，使用自我暗示，相信自己具备无限的潜力，没有人能战胜你，除非你自己。

第六节　对生活和他人心存一份宽容

宽容就是耐心而毫无偏见地容忍与自己或公认的观点不一致的意见，宽大有气量，不计较、不追究。宽容是一种智慧和力量，是对生命的洞悉，是成长的标志，更是家庭幸福的秘诀。常用宽容的眼光看世界，事业、家庭和友谊才能稳固和长久。

有人说，宽容是一种良好的心理品质，是一种非凡的气度、宽广的胸怀；宽容是一种高贵的品质、崇高的境界，是一种仁爱的光芒、无上的福分；宽容是一种生存的智慧、生活的艺术。能够宽容别人的人，其心胸像天空一样广袤、透明，像大海一样宽阔、深沉。

谚语有云："多宽恕别人，少宽恕自己。"在生活中，我们责人要宽，责己要严，以责人之心责己，以恕己之心恕人。

人在社会交往中，吃亏、被误解、受委屈的事总是不可避免的，面对这些，最明智的选择就是学会宽容。

宽容不仅包含着理解和原谅，更显示着气质和胸襟、坚强和力量。一个不会宽容、只知苛求别人的人，其心理往往处于紧张状态，从而导致神经兴奋、血管收缩、血压升高，使其心理、生理进入恶性循环。

恨能挑起事端，爱能征服一切。雨果曾说过："最高贵的复仇是宽容。"心中装着仇恨的人的人生是痛苦、不幸的人生，只有放下仇恨，选择宽容，纠缠在心中的死结才会豁然解开。

生活中，我们每个人难免与别人产生摩擦、误会，甚至冲突，这时别忘了在自己心里装满宽容。宽容是温暖明亮的阳光，可以融化人内心的冰点，让这个世界充满浓浓的暖意。

生活中，我们总是显得不够宽容，于人、于己、于自然都是这样。然而，我们又很渴望人人都有一颗宽容的心，因为我们总会犯一些大大小小的错误，难免有一些不合时宜的言行。学会宽容，救赎的不仅仅是他人，还有自己。

生活需要宽容。在生活中每个人都会有不如意，每个人都会有失败，宽容是一片宽广而浩瀚的海洋，包容了一切，也能化解一切。

> 有这样一则寓言：有两匹马同行，一匹马不小心将另一匹马的脖颈咬伤了，结果被咬的马反而主动安慰因咬伤自己而羞愧不安的那匹马。

故事虽小，却揭示了天地间动人的品德，那就是宽容。在现实生活中，这样的故事也有很多。

小伟和小强结伴旅行。来到了大海边，他们因为观点不合而发生了激烈的争执，小伟忍不住打了小强一拳。小强很气愤，为了排解心中的郁闷，他在沙滩上写下了几个字："小伟今天打了我，我恨他！"晚上，他们在海边岩石上宿营。半夜，潮水上涨，他们宿营的岩石成了大海中的一个孤岛，而且潮水还在不断地上涨，眼看就要淹没他们宿营的岩石了。小强不会游泳，小伟不顾自身安危，奋力把小强救到岸边。小强心怀感激，在岸边的岩石上刻下几个字："小伟今天救了我，我感激他！"

后来有人问小强："你为什么把小伟打你的事写在沙滩上，把小伟救你的事刻在岩石上?"

小强说："小伟救了我，我会永远记在心中；他打我的事情，会被海浪冲得干干净净。"

有的人，用一生来铭记仇恨，他的心灵承载了太多的苦难；有的人，用一生来铭记感恩，他的人生充满了希望和关爱。

宽容是一种给予，这种给予能使别人宽慰，自己则变得更加充实；宽容是一颗感化石，"唯宽可以得人"，宽容最终能使伤害你的人走向道德法庭的被告席，受到宽容的巨大感召，而放弃伤害，归顺于美好的人生。只要你心存宽容，就会在各种各样的事情中受到它潜移默化的影响。

人人多一分宽容，生活中就会多一分理解，多一分真诚，多一分珍重与美好，生活中的酸甜苦辣也将化作五彩的乐章，谱奏出动人的旋律。

第七节　幸福是一种心态

为拥有开怀，幸福就在当下。曾经我们以为只有童话里的王子和公主才是幸福的，幸福可以向往，但却无法在自己的生活中把握。历经砥砺后才明白：幸福其实是一种心态，是我们每个人内心里的感觉。阳光下飞过的蜻蜓，路人相遇时的驻足微笑，那些淡淡的温暖，都是幸福。

有个人，一心想感受幸福的滋味，于是他问天使什么是幸福。天使答应帮他一起寻找。

一天，他们遇见一个正在犁地的农夫。农夫汗流浃背地扶着犁，地头上妻子提着香味四溢的饭菜在柳荫下纳着鞋底，小儿子正在绿草如茵的草地上欢蹦乱跳地捕捉着蚂蚱。他们走上前，天使问农夫："你终日劳作，觉得辛苦还是幸福?"

农夫回答："幸福。靠劳动一家人吃穿不愁，今年又买了头健壮的水牛，秋后就能住新房，我很幸福。"那个一心想感受幸福滋味的人说："我没有妻子，也没有新房啊！"天使便让他继续寻找。

又有一天傍晚，他遇见一个垂头丧气的男人，蹲在路边一言不发。他问男人为什么还不回家，男人向他诉说道："我的钱都被人骗光了，饭都吃不上，怎么去看望生病的老母亲啊！"他听后，连忙把天使送给他的钱给了男人做路费。男人高兴地说："我太幸福了，可以回家看望老母亲了"。

天使问那个一心想感受幸福的滋味的人知道什么是幸福了吗，那人回答："他们的幸福都不一样，是住到新房里一家人围绕在一起幸福，还是有足够的盘缠幸福？"天使说："幸福就是每个人不同的感受，他们自己感觉什么是幸福，什么就是幸福。"

在人生的道路上，我们应时刻提醒自己：其实幸福离我们并不遥远，它就在我们身边。幸福在春天的百花里，夏日的绿叶里，秋日的果实里，冬日的雪花里。幸福本没有绝对的定义，只在乎你的心怎么感受。你感觉到了，便能拥有。珍惜全部的拥有，就是最幸福的人。

一个年轻人为了让人们永远安居乐业，让父母过上好日子，决定去寻找幸福鸟。因为一位法师曾告诉过他："远方有只青色的鸟，有着世界上最美妙清脆的歌喉，那是幸福之鸟。找到后把它关进黄金做成的笼子里，就可以得到永久的幸福。"于是，年轻人带了一个黄金笼子，踏上找寻幸福鸟的道路。不知不觉 5 年过去了，但他还没有找到幸福鸟。有一天晚上，他看到一对驼背的、互相搀扶的老夫妻时，突然想起自己远方的双亲。

于是，带着强烈的思念之情，毅然踏上回乡的旅程。等他回到自己的故乡时，父母已经过世，故乡的人们也已背井离乡。

年轻人伤心欲绝，决定发奋图强，励精图治，重建故乡。故乡重新建立好的那一天，他的黄金鸟笼里飞来了一只鸟。"快抓住，那才是真正幸福的青鸟。"年轻人循声望去，原来是年迈的法师在大声叫喊。

年轻人问：“我历尽千辛万苦找不到幸福鸟，为什么现在不请自来？”没想到鸟儿开口说：“你已经知道了幸福不用去寻找，你把握好了现在生活的每一天和每一刻，不就是幸福吗？”

生活中，很多人不惜花费许多时间舍近求远去寻找幸福。其实，幸福不在远方，也不是橱窗里的商品，付了钱就可以带走。如果在自身之外寻找幸福，就永远得不到幸福的垂青，近在咫尺的幸福也会成为远在天涯的绝望。

幸福的生活就在当下：独自喝一口沁人心脾的茶是幸福；两人走在鲜花绽放、彩蝶飞舞的小路上，周围硕果压枝，不也是赏心悦目的幸福吗？怀中抱着一个熟睡的婴儿的女人，脸上露出满足和安详，不是正享受着此刻的幸福吗？看那每一天的日出，那生而自由的力量不就是一种鼓舞和激励吗？也就是这些小小的幸福，让我们的生命更可亲，更可眷恋。

世间最珍贵的东西就是现在能把握的幸福。总之，只要你懂得好好把握现在，幸福就无处不在。学会欣赏和体验已经拥有的此刻，会让我们更认真地对待生活。这不仅能让我们摆脱不必要的烦恼，走向幸福，而且还可以使我们的生活更有活力，更具价值。

善待自己，活着就是幸福。生命对于每个人都只有一次，风清月淡之时，更需要珍惜生命，过好每一天。因为，生活其实就是和生命进行对话，好好活着就是幸福，才会对自己的生命负责，走好人生的每一步。活着就是幸福，尤其那些经历战争或身临绝境的人们更能深刻体会这一点。

弗兰克是一位犹太裔心理学家，第二次世界大战期间，父母、妻子皆失去了生命，他也被关押在纳粹集中营里受尽了折磨。当时，他每天遭受严刑拷打，随时都有可能踏进死亡之门。死亡的威胁时时困扰着他，于是，内心悲苦的他便产生了轻生的念头。

正当他向地狱之门迈进的时候，在囚室忽然悟出了一个道理：虽然我每天受到死亡的威胁，但我毕竟还活着啊！比起那些消失的生命不是很幸运吗？生存不就是最大的幸福吗？为什么要悲观地等死，即使生命只有一天，也要好好地过。

人生不如意十有八九，生活本身就是多味豆，酸甜苦辣尽有。然而，境由心造，把自己的心态调节好，加上平和、洒脱与豁达，把幸福变成一种习惯，就会对生命有更深刻的感悟，从内心感受生活中的每一次拥抱、每一个微笑、每一分温暖，这点点滴滴都是幸福。幸福其实很简单，当你用阳光的心态对待周遭的一切时，就会发现，幸福会随着你的好心情随时出现在你的身旁。请自在地领悟和享受这种幸福吧！